はじめての数理統計学

Elementary mathematical statistics

■古島 幹雄
■市橋 勝
■坂西 文俊

近代科学社

・本書の複製権・翻訳権・譲渡権は株式会社近代科学社が保有します．
・JCOPY 〈(社)出版者著作権管理機構 委託出版物〉
本書の無断複写は著作権法上での例外を除き禁じられています．
複写される場合は，そのつど事前に(社)出版者著作権管理機構
(https://www.jcopy.or.jp, e-mail: info@jcopy.or.jp) の
許諾を得てください．

はじめに

　本書は，数理統計学の初学者向けテキストとして編まれた入門教科書である．対象としては，大学1～2回生レベルを想定しているが，専門学校生や高校卒業以降の社会人など，統計学の数理的方法の基礎を学びたいと考えている一般読者までを含めて，幅広く活用してもらえることを希望している．

　実際，著者達は大学や高専に身を置きながら統計学の教鞭をとり，これまで多くの人々を教えることを通じて，教材や内容について曲がりなりにもそれなりに多少の経験を積んできた．

　数理統計学の場合，その概念の用いられ方，考え方など，数学の一分野でありながら数学とは異なる独特の思考形式や実学志向的思想など，ある種の癖と，それ故に初学者にはなかなか慣れにくい部分があるのは事実である．そのつまづき易いポイントは，筆者達なりに熟知しているつもりであるので，そのつまづき易い点や分かり難いポイントを，可能な限り丁寧に解説したり，平易な練習問題で習得できるように試みたのが本書である．

　本書は，以下の7章から成立している．

　第1章は確率の基礎概念と初等確率計算の練習を行なう．確率自体は，極めて簡単な概念によって構成できるが，物事の発生する順序が変わったり，組合せが生じたりすることで，より複雑な確率問題を考えることができる．その辺りの例題を第1章では取り上げる．

　第2章は，離散型の確率変数と確率分布を扱う．直感的にイメージしやすいのが離散型の確率変数だが，この変数を用いた期待値や分散の定義，更に代表的な確率密度関数である2項分布やポアソン分布をここでは扱う．

　第3章では，連続型の確率分布を取り上げる．連続型の確率変数は，離散型の場合と数学的な取り扱い方が変わる．微分や積分の概念がここで用いられることになるのだが，簡単な微積分の知識さえ習得してしまえば，連続型の確率分布のほうが取り扱いやすいことに読者は気付かれるであろう．また，代表的

な連続型の確率密度関数として正規分布を詳しく解説する．それ以外にも，多く応用される χ^2 分布，t 分布，F 分布などを取り上げている．

第4章は，度数分布表など，現実のデータ整理に有用な概念と方法を取り上げている．これは，実際には離散型の確率変数の応用であるが，階級値と度数を用いる点で平均値や分散の求め方が変わる点を理解することが肝要である．また，中央値や最頻値など，平均値以外の分布を代表する指標や，変数変換の方法についても触れている．本章では，実際のデータからどのような規則性や秩序を見出すのかということについての基礎を学ぶが，これは次章で解説する標本論の準備となっている．

第5章は，母集団と標本の関係について述べている．標本は，我々が実際に分析に用いるデータのことを指すが，取り出してきた標本から平均や分散を求めると，これまでの母集団での扱い方と様々な点で異なることになる．更に，データを加工することで新たな確率変数を構成できるので，数理統計的方法の範囲が拡張されることを学ぶことができる．

第6章では，推定の問題を取り上げる．点推定と区間推定という2つの推定法や推定量についてここでは解説する．統計学では，確率を計算することが主たる課題であるが，推定ではある確率を前提として，求めたい母数を推理するという手続きが中心ポイントとなる．

第7章は，検定の方法を解説する．統計的推測の重要な特徴の一つに仮説検定があるが，この検定方法には，独特の考え方と手続きが存在している．時に煩雑に思われる検定方法なのだが，手続きにさえ慣れてしまえば極めて合理的な推測法であることに読者は気付かれるだろう．統計学は，「不確実なもの」や「未確定な部分」を確率として数値で表すが，その確率を前提に科学的に推理を進めるとしたら，どのような判定を行なうことができるのか，本章では平易な例題で学ぶことができる．

以上が，本書の概要であるが，本書はまた自学自習向けテキストとしても編まれている．本書で示される例題には全て解法が示されており，また，練習問題についても巻末に解答例を付してある．それだけでは足りない読者には，巻末に補充問題とその解答例も載せたのでチャレンジして欲しい．

更に，取り上げる諸定理は，その殆どにおいて証明を付けている．ノートと鉛筆と学ぶ気力さえあれば，本書の内容は隅々まで習得可能な基礎概念ばかりである．

　なお，言うまでもないことだが，分かり易さを重視した本書は，数理統計学の方法全てを網羅するものではない．例えば，本書では最尤法について本格的には取り扱ってはいない．最尤推定法や尤度比検定とその補充問題は，付録として巻末で扱うにとどめている．本書で数理統計学の基礎を習得された読者は，更に発展的な教科書などで最尤推定法や尤度比検定などの方法を学習されるとよいだろう．

　統計学という学問は17世紀頃に確立されたと言ってよいが，その分野は，数理統計学的内容だけではない．社会統計学的な内容もまた統計学の一分野である．国勢調査や家計調査など，国が行なう統計調査もまた統計学の対象分野なのである．本書では，これらの社会・経済の統計についても触れていない．これらの分野について広く学びたい読者は，その分野の教科書で更に幅を広げていただきたい．

　以上，本書の概要と構成を述べてきた．数理統計的な方法を用いて現実のデータを分析し，有用な意思決定を行なおうとするあらゆる人々に本書が少しでも役立つならば，筆者達にとってこれ以上の喜びはない．

2007年早春のオースチンで
著者記す

目次

第1章 確率　1
- 1.1 確率の基礎概念　2
- 1.2 加法定理と乗法定理　8
- 1.3 ベイズの公式：原因の確率を求める　12
- 1.4 場合の数：順列と組合せ　14

第2章 離散型確率分布　17
- 2.1 離散型確率変数　18
- 2.2 離散型確率変数の期待値と分散　23
- 2.3 二項分布　30
- 2.4 ポアソン分布　35

第3章 連続型確率分布　43
- 3.1 連続型確率変数　44
- 3.2 連続型確率変数の期待値と分散　51
- 3.3 一様分布　56
- 3.4 正規分布の定義　59
- 3.5 正規分布の確率　62
- 3.6 正規分布の応用　69
- 3.7 その他の連続型確率変数　73

第4章　資料の整理　　　　79

- 4.1　資料の個別処理 80
- 4.2　度数分布表 84
- 4.3　度数分布の代表値 88
- 4.4　変量の変換 90

第5章　母集団と標本　　　　97

- 5.1　母集団と標本 98
- 5.2　2次元確率変数 102
- 5.3　標本分布 110
- 5.4　標本平均の分布 114
- 5.5　標本比率 117

第6章　推定　　　　125

- 6.1　推定概説 126
- 6.2　点推定 127
- 6.3　区間推定の注意事項 133
- 6.4　母平均の区間推定 136
- 6.5　母比率の区間推定 140
- 6.6　分散の区間推定 142

第7章　検定　　　　145

- 7.1　検定概説 146
- 7.2　母平均の検定 151
- 7.3　母比率の検定 157
- 7.4　母分散の検定 158
- 7.5　回帰直線と最小2乗法 159

付録 A　最尤法　　　　　　　　　　　　　　　　　163

付録 B　補充練習問題　　　　　　　　　　　　　　170

付録 C　問題解答例　　　　　　　　　　　　　　　181

付録 D　数値表　　　　　　　　　　　　　　　　　191

第1章 確率

1.1 確率の基礎概念
1.2 加法定理と乗法定理
1.3 ベイズの公式：原因の確率を求める
1.4 場合の数：順列と組合せ

1.1 確率の基礎概念

> 標本空間と事象による確率の定義

■ 確率の定義

まずはじめに，確率の簡単な計算の練習を行なおう．そのために確率を定義するための概念を用意する．

最初に用意される概念は，標本空間である．

今，繰り返し行なえるある実験を考えてみよう．その実験には，ある種の結果が伴うことを私達は知っているとする．その起こりうる結果が幾つかあるとすれば，その幾つかの結果を点と見なしてもよいだろう．この結果を示す点を記述したものが標本空間である．そこで，それを次のように定義しておくこととしよう．

> **定義 1.1 (標本空間 Sample Space).**
> ある試行の可能な結果を表す点の集合を，**標本空間** S と呼ぶ．

標本空間は，基本的に繰り返し実験できるものの結果を記述したものであるので，統計学では，それを集合の概念を使って書くことが一般的である．

例えば，歪のないサイコロを振るような例を標本空間で記述できる．その際，標本空間 S を，集合を示す { } によって表せる．歪のないサイコロ1つをただ1度だけ振れば，その予想される結果は，1, 2, 3, 4, 5, 6 のいずれかである．従って，1つのサイコロを1度だけ転がすという試行を考えれば，標本空間は $S = \{1, 2, 3, 4, 5, 6\}$ と書くことができる．

例 1.1.

- 試行：1つのサイコロを振る．
- その時の標本空間 S は，$S = \{1, 2, 3, 4, 5, 6\}$ と表せる．

ところで，1つのサイコロを振る試行を考えた時，標本空間は上記の 6 通りであるが，実際に起こる結果はそのうちの 1 つである．この実際に起こる結果を，起こり得る結果（標本空間）とは区別しておくこととし，それを今，事象と呼ぶことにする．

例えば，歪みのないサイコロ 1 つを 1 度だけ振った時，6 の目が出たとすれば，この「6 の目が出た」という事実が事象である．

事象とは，ある試行の結果，実際に起こった事実であり，それは通常標本空間の中のどれかである．言い換えれば，標本空間は試行を行なう際の事前の可能性を記述したものであり，事象は実際の結果を記述したものであると考えることができる．また，事象は標本空間の一部であると言うことができるので，部分集合と見なすことができる．そこで，事象を次のように定義しておくこととしよう．

定義 1.2 (事象 Events).

- ある標本空間の部分集合を**事象**と呼び，A や B などの記号を使って表す．
- 事象とは，標本空間上の何かが起こった時の結果の集合である．（その場合，何も起きなかったり，あり得ないことが「起こる」場合も含めて考える）．

事象も一種の集合と見なすことができるので，例えば，サイコロ 1 つを振った時に出た目が 6 だとすれば，$A = \{6\}$ と書ける．この場合，事象 A は，「6 の目が出る」ことだという意味となる．また，コインを投げた時の例を考えれば，結果は表が出るか，裏が出るかのいずれかであるので，表が出るという事象を A で表せば，$A = \{\text{表}\}$ と書ける．

例 1.2.

- 事象 A：コインを投げた時，表が出る．
- 事象 A は，$A = \{\,表\,\}$ と表せる．

事象もまた集合であるので，事象は単一とは限らない．複数の起こり得る結果を事象と考えることもできる．例えば，サイコロを 1 度だけ振った時，「偶数の目が出る」という事実を事象と捉えれば，その事象には $2, 4, 6$ の結果が含まれることになる．

例 1.3.

- 事象 B：1 つのサイコロを振った時，偶数の目が出る．
- 事象 B は，$B = \{2, 4, 6\}$ と表せる．

更に，事象は標本空間の部分集合なので，特殊な例として，標本空間全部を事象と見なすこともできる．例えば，サイコロを 1 度だけ振った時，「1 から 6 のいずれかの目が出る」という事実を事象と捉えれば，その事象は標本空間と同じである．

但し，例外的に，事象は標本空間の中に含まれないものを含む場合もあり得る．例えば，1 つのサイコロを振った時，7 の目が出るということは実際には有り得ないことだが，それを事象として記述することはできる．

例 1.4.

- 事象 C：1 つのサイコロを振った時，7 の目が出る．
- 事象 C は，$C = \{7\}$ と表せる．

以上のように，ある繰り返し可能な試行を考え，その起こり得る結果に関して標本空間を定義し，そのうちある特定の結果について記述したものを事象と捉えることで，確率を定義することができる．

すなわち，確率とは，標本空間の中でその事象が起こる回数の割合のことである．そこで，ある事象 A が起こる確率を $P(A)$ と表すこととする．

定義 1.3 (確率 Probability).
- **確率**とは，ある事象が標本空間上で起こる回数の割合のことである．
- ある事象 A が起こる確率を，$P(A)$ と表す．

このように確率を定義することで，多くの不確実な出来事を，確率現象として表すことができる．例えば，簡単な例として，コイン投げやサイコロ投げの例を考えることができる．

例 1.5.
事象 A を，「コインを投げた時に表が出る」とし，$A = \{\text{表}\}$ と表す時，その確率は，$P(A) = \frac{1}{2}$ となる．

例 1.6.
事象 B を，「1つのサイコロを振った時，偶数の目が出る」とし，$B = \{2, 4, 6\}$ と表す時，その確率は，$P(B) = \frac{3}{6} = \frac{1}{2}$ となる．

また，実際には起こり得ないことも確率として定義することができる．その場合の確率はゼロとなる．先に示した例のように，1つのサイコロを振った時，7の目が出るということは実際には有り得ないことだが，その確率をゼロとして記述することができる．

例 1.7.
事象 C を，「1つのサイコロを振った時，7の目が出る」とし，$C = \{7\}$ と表す時，その確率は，$P(C) = 0$ となる．

■ **確率の公理**
前節で定義した確率は，更に次に知られる三つの公理によって，その基礎が与えられている．

第一に，確率は 0 と 1 の間の数値によって表される．確率は，この世界に生起するあらゆる確率現象を 0 から 1 の間の数値で表現できるところにその醍醐味があると言ってよい．

第二に，この確率は従って，全てを合計すると 1 となる．あるいは，標本空間のいずれかが起こる確率は 1 であると考えられる．

そして，第三の公理は次のように説明できる．

$A \cap B = \phi$ となる事象 A と B のような事象同士のことを「互いに排反な事象」と呼ぶとする．今，互いに排反する事象を幾つか持ってきて，それらによる和事象を考えたとすると，この和事象の確率は，各排反事象の確率の合計と一致する．

以上を「確率の公理」としてまとめておこう．

公理 1.1 (確率の公理 Axiom of Probability).

(1) 全ての事象 A について，$0 \leq P(A) \leq 1$

(2) $P(S) = 1$. 但し，S は標本空間

(3) 互いに排反な事象系列 $A_1, A_2, A_3, \cdots$ に対して，$P(A_1 \cup A_2 \cup A_3 \cup \cdots) = P(A_1) + P(A_2) + P(A_3) + \cdots$ が成立する．

なお，互いに排反な事象は，「互いに素な事象」と呼ばれることもある．

集合において，$A \cap B$ のことを「集合 A と B の交わり」，「集合 A かつ B」，「積集合」などと言う．また，$A \cup B$ のことを「集合 A と B の結び」，「集合 A または B」，「和集合」などと言う．

また，集合全体において，集合 A 以外の集合のことを，「集合 A の補集合」と呼び，A^C または $\overline{A}$ で表す．

ある集合が，その要素に何も持たない時，それを空集合と呼び $A = \phi$ などと表す．

また，事象が標本をただ一つだけしか含まないような場合，それを特に単一事象と呼んで区別する場合もある．

定義 1.4 (単一事象).

- ある事象を示す標本がただ一つの場合，それを特別に**単一事象**と呼び e_i で表すと，単一事象 e_i の確率は $P(e_i)$ で表される．
- 別々の単一事象は，その定義上，互いに排反な事象である．
- もし，事象 A が幾つかの単一事象の集合である場合，事象 A の確率 $P(A)$ は，次のようにも表現できる．

$$P(A) = \sum_A P(e_i)$$

例 1.8.

事象 A を「サイコロを振った時に 1 の目が出る」とし，$A = \{1\}$ と表し，事象 B を「サイコロを振った時に 6 の目が出る」とし，$B = \{6\}$ と表すと，事象 A と B はそれぞれ単一事象である．したがって，A または B が起こる確率は，$P(A \cup B) = P(A) + P(B) = \frac{2}{6} = \frac{1}{3}$ となる．

練習問題 1.1.

2 面ずつにグー，チョキ，パーの絵が書かれた特別なサイコロがあるとする．このサイコロを 2 回転がすとすると，その時の標本空間を書け．また，各標本の確率はいくらになるか．

練習問題 1.2.

サイコロの 2 面だけに「当たり」の文字が書かれているとする．このサイコロを，「当たり」が出るまで転がすとすると，その時の標本空間を書け．また，各標本の確率はいくらになるか．

練習問題 1.3.
外見上同じ大きさの青ビー玉 4 個と黄ビー玉 2 個の入っている箱から 1 個を取り出すとする.
(1) ビー玉に番号をつけて同じ色でも区別できるとした時の標本空間を書け. また, その時の各標本の確率はいくらになるか.
(2) 同じ色のビー玉は区別できないとした時の標本空間を書け. また, その時の各標本の確率はいくらになるか.

練習問題 1.4.
ホワイト・チョコボール 3 個と普通のチョコボール 2 個の入っているお菓子袋から 2 個のチョコボールを取り出すとする.
(1) チョコボールに番号をつけて同じ種類でも区別できるとした時の標本空間を書け. また, その時の各標本の確率はいくらになるか.
(2) 同じ種類のチョコボールは区別できないとした時の標本空間を書け. また, その時の各標本の確率はいくらになるか.

1.2 加法定理と乗法定理
確率の公理を用いると, 次の定理を導くことができる.

定理 1.1 (加法定理 Addition Rule).
標本空間 S において二つの事象 A と B が与えられる時,
$$P(A \cup B) = P(A) + P(B) - P(A \cap B)$$
が成り立つ.

練習問題 1.5.
定理 1.1 を証明せよ.

更に，複数の事象の関係を用いた確率には，次のような重要な概念がある．

定義 1.5 (条件付き確率 Conditional Probability).

- ある事象 A が確実に起こるという条件の下で，事象 B が起こる確率は，次のように定義される．

$$P(B|A) = \frac{P(A \cap B)}{P(A)}$$

- この確率 $P(B|A)$ のことを，B の**条件付き確率**と呼ぶ．

例 1.9.

事象 A を「コインを投げた時に表が出る」とし，事象 B を「サイコロを振った時 1 の目が出る」とした時，$P(B|A)$ は「コインを投げて表が出た後に，サイコロを振って 1 の目が出る確率」を表すことになる．この場合，$P(B|A) = \frac{1}{6}$ である．

そして，この定義 1.5 から，次が得られる．

定理 1.2 (乗法定理 Multiplication Rule).

$$P(A \cap B) = P(A)P(B|A)$$

練習問題 1.6.

トランプから 2 枚のカードを連続して抜き取る．「1 枚目にエースが得られる」という事象を A とし，「2 枚目にエースが得られる」という事象を B とする時，確率 $P(A \cap B)$ を求めなさい．

また，乗法定理の特殊ケースとして，独立概念がある．

定義 1.6 (事象の独立 Independency).
ある事象 A と事象 B が互いに**独立**の時，乗法定理は次のように書ける．
$$P(A \cap B) = P(A)P(B)$$

練習問題 1.7.
事象が独立の例と，事象が独立ではない例を挙げよ．

「独立」という概念と「排反」という概念は，似たような概念だが違うので，注意しよう．

事象 A 及び B の積事象の確率 $P(A \cap B)$ と，事象 B の条件付き確率 $P(B|A)$ とは，一般に次の関係が成立する．

$$P(A \cap B) \leq P(B|A) \tag{1.1}$$

練習問題 1.8.
式（1.1）が成り立つことを示せ．

練習問題 1.9.
2つのサイコロを転がすとき，出た目の和が7または10になる確率を求めなさい．

練習問題 1.10.
2つのサイコロを転がすとき，どちらの目も少なくとも4以上になる確率はいくらか．

練習問題 1.11.

トランプから 2 枚のカードを抜き出す．最初に抜いたカードを，2 枚目を抜く前に元に戻すとする．少なくとも 1 枚エースが得られる確率はいくらか．

練習問題 1.12.

トランプから 2 枚のカードを抜き出す．2 枚目を抜く前に元には戻さないとする．この時 2 枚ともハートが得られる確率はいくらか．

練習問題 1.13.

金のコイン 1 枚，銀のコイン 2 枚，銅のコイン 4 枚が入っている箱から 2 枚のコインを取り出すとする．

(1) 1 枚ずつ続けて取り出すとする時，最初が金で，次が銀のコインである確率を求めなさい．

(2) 2 枚目を取り出す前に最初に取り出したコインを元に戻すとすれば，この確率はいくらになるか．

練習問題 1.14.

第 1 の箱には 2 個の赤球と 2 個の黒球が入っている．また，第 2 の箱には 2 個の赤球と 3 個の黒球が入っている．

(1) それぞれの箱から 1 個を選ぶ時，同じ色の球が得られる確率を求めなさい．

(2) でたらめに 1 つ箱を選び，そこから 1 個を選ぶ時に，それが赤球である確率を求めなさい．

(3) でたらめに 1 つ箱を選び，そこから 2 個選ぶ時に，それらが同じ色の球である確率を求めなさい．

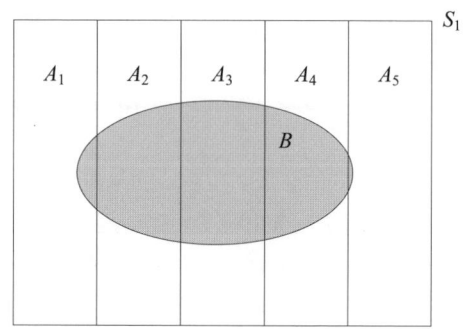

図 1.1　原因の確率を考える（ベイズの公式）

練習問題 1.15.

男の子が生まれる確率を $\frac{51}{100}$ として，5 人の子供を持つ家族の性別構成について，次の確率を求めなさい．

(1) 5 人とも全員同じ性である．
(2) 上の 3 人が女で下 2 人が男である．
(3) 5 人のうち 3 人が男で 2 人が女である．

1.3　ベイズの公式：原因の確率を求める

条件付き確率の応用として，ベイズの公式というものが知られている．これは，ある事象 B が起きた時，その原因が A_j であるという確率を求める考え方である．

今，標本空間 S において事象 B が起きた時，その原因を探るために標本空間 S を幾つかの排反な領域に分割し，そのそれぞれを事象と考えて 1 番から番号をつけていく（図 1.1 参照）．それらは，$A_1, A_2, A_3, \cdots$ となるが，その一つひとつは，事象 B を引き起こす原因であると見なすことができる（但し，もし $B \cap A_k = \phi$ ならばその事象 A_k は B を引き起こす原因にはなり得ない）．

実は，ある事象 B が起きた時，その発生原因が A_j であるかどうかの確率は，事象 B が起きた下で事象 A_j が起こるという条件付き確率と考えることと同じ

なのである．そして，その条件付き確率は，更に次のように定義することができる．

> **定義 1.7 (ベイズの公式 Bayes' Formula).**
> ある事象 B が起きた時，事象 A_j がその原因である確率は，次式によって与えられる．
> $$P(A_j|B) = \frac{P(A_j)P(B|A_j)}{\sum_{i=1}^{n} P(A_i)P(B|A_i)} \qquad (1.2)$$
> この（1.2）式のことを**ベイズの公式**と呼ぶ．

練習問題 1.16.
条件付き確率の定義から式（1.2）を導け．

練習問題 1.17.
第 1 の箱には 2 枚のはずれくじが入っているとする．外見が同じの第 2 の箱には 1 枚のはずれくじと 1 枚の大当たりが入っているとする．今，無作為に箱を一つ選び，その箱からくじを一つ取り出したらはずれだったとして，そのくじが第 1 の箱から得られた確率を求めなさい．

練習問題 1.18.
政治家と官僚の関係を示す調査が行なわれた．その結果によれば，政治家から「特定業者や個人にかかわる口利きや業務執行への介入」を受けた経験があると答えた官僚は，全体の 20.4% であった．そして，そのうち，介入受けたことにより業務内容が「変わった」と影響を認めた官僚は 15.6% であった．なお，他方で，なんら政治家の介入がなくても，10% の確率で業務内容の結果が変わっているという事実も分かった．さて，今，ある業務内容が，当初の内容から変わったとすると，それが政治家の介入のためだと思われる確率を求めなさい．

1.4　場合の数：順列と組合せ

確率の計算をする場合，幾つかのものの中から何種類かを取り出す場合の確率を考えなければいけないことがある．そのために必要となる概念に，順列と組合せがある．

定義 1.8 (順列 Permutations).
順列とは，n 個のものから r 個選び，一列に並べる並べ方のことであり，それは次式で与えられる．

$$_nP_r = n(n-1)(n-2)\cdots(n-r+1) \tag{1.3}$$

特に，n 個のものから n 個選び，一列に並べる並べ方は，

$$_nP_n = n(n-1)(n-2)\cdots 3\cdot 2\cdot 1 = n! \tag{1.4}$$

と示される．$n!$ を，n の**階乗**と呼ぶ．

なお，0 の階乗は，$0! = 1$ と定義しておく．

この順列から，組合せを求める式を得ることができる．今，n 個のものから r 個選び，並べる順列を $_nP_r$ とすると，これは n 個のものから r 個選ぶ組合せに，選んだ r 個を一列に並べる順列をかけたものと同じことである．ここで，n 個のものから r 個選ぶ組合せを $_nC_r$ とすると，

$$_nP_r = {_nC_r} \cdot {_rP_r} = {_nC_r} \cdot r!$$
$$\therefore \quad _nC_r = \frac{_nP_r}{r!}$$

よって，

定義 1.9 (組合せ Combinations).
n 個のものから r 個選ぶ組合せは次式で与えられる.
$$_nC_r = \frac{n(n-1)(n-2)\cdots(n-r+1)}{r!}$$
これより,
$$_nC_r = \frac{n!}{r!(n-r)!} \tag{1.5}$$

なお, $_nC_r$ は $\begin{pmatrix} n \\ r \end{pmatrix}$ と表す場合もある.

練習問題 1.19.
今,トランプから 5 枚のカードを配る時,その中に 2 枚のエースが含まれる確率を求めなさい.

練習問題 1.20.
今,トランプから 5 枚のカードを配る時,その中に 2 枚のハートと 3 枚のスペードが含まれる確率を求めなさい.

練習問題 1.21.
今,トランプから 5 枚のカードを配る時,その中に少なくとも 1 枚のダイヤが含まれる確率を求めなさい.

練習問題 1.22.
トランプから 13 枚のカードを配る時,たかだか 1 枚だけエースが配られる確率はいくらか.

練習問題 1.23.
　トランプから 13 枚のカードを配る時，配られたカードには，たかだか 1 枚しかエースが含まれていないと既に知っているとしよう．その時，実際にカードの中を見てみたらエースが含まれていない確率はいくらか．

第 2 章 離散型確率分布

2.1 離散型確率変数
2.2 離散型確率変数の期待値と分散
2.3 二項分布
2.4 ポアソン分布

2.1 離散型確率変数

> とびとびの値を取る確率変数

■ 確率変数とは？　離散型確率変数とは？　離散型確率変数の定義

たとえば，関数 $y = f(x)$ において，x を変数といい，定義域（x の動く範囲）の中の各 x に対して，関数の値 y が決まった．

ところで，1 つのさいころを振ったとき，出る目の数を X とすると，X は $1, 2, 3, 4, 5, 6$ のどれかをとることになる．そして，どの目が出るかはもちろんわからないが，（どの目が出るのも同様に確からしいとすると）X が $1, 2, 3, 4, 5, 6$ のどれかの値をとる確率はいずれも $\frac{1}{6}$ である．

このように，X は，定義域が $\{1, 2, 3, 4, 5, 6\}$ で各 X に対して確率の値 $\frac{1}{6}$ をとるという関数における変数とみることができる．ただし，関数の変数と違うところは，各 X に対して確率の値が与えられているところである．そこで，確率変数と確率分布というものを，次のように定義する（これは離散型の場合で，連続型は後述）．

確率分布は，通常，確率分布表

X	x_1	x_2	x_3	$\ldots$	計
P	p_1	p_2	p_3	$\ldots$	1

で表す．

確率変数は，いろいろな値を取る可能性があるという意味では関数の場合の変数と同じであるが，どんな値をどの程度の可能性でとるかが，そこに定められた確率によって与えられている．

2.1 離散型確率変数

定義 2.1 (確率変数,確率分布).

- 確率の値が与えられているような変数を**確率変数**といい,X などで表す.
- とびとびの値を取る確率変数を**離散型確率変数**という.
- ある試行において,離散型確率変数 X のとる値を $x_1, x_2, x_3, \ldots$ とするとき,
  - X が x_k をとるという事象を $(X = x_k)$ で表し,この事象の起こる確率を $P(X = x_k)$,(または $P(x_k)$,p_k など)で表す.
  - X が不等式 $X \leq a$ を満たす値をとるという事象を $(X \leq a)$ で表し,この事象の起こる確率を $P(X \leq a)$ で表す.
  - $P(X > a)$,$P(a \leq X \leq b)$ なども同様に定義する.
  - $P(X = x_k), (k = 1, 2, 3, \ldots)$ を**確率分布**といい,確率変数 X はこの確率分布に**従う**という.

例 2.1.

- 試行:1つのさいころを振る
- 確率変数:出る目の数
- 確率分布:確率分布表

X	1	2	3	4	5	6	計
P	$\frac{1}{6}$	$\frac{1}{6}$	$\frac{1}{6}$	$\frac{1}{6}$	$\frac{1}{6}$	$\frac{1}{6}$	1

- $P(X = 3) = \frac{1}{6}$ $\cdots$ 3の目が出る(X が3である)確率は $\frac{1}{6}$
- $P(2 \leq X \leq 4) = \frac{1}{6} + \frac{1}{6} + \frac{1}{6} + \frac{1}{6} = \frac{1}{2}$ $\cdots$ 2または3または4の目が出る(X が2~4である)確率は $\frac{1}{2}$

- $P(X=8) = 0 \cdots 8$ の目が出る（X が 8 である）確率は 0

例 2.2.

- 試行：1 つの硬貨を 2 回続けて投げる
- 確率変数 X：表の出る回数
- （2 回のうち表の出る回数は 0,1,2 回のうちのどれかであるから，X のとりうる値は 0,1,2 であり，起こりうる場合は，表表，表裏，裏表，裏裏の 4 通りであるから）確率分布：確率分布表

X	0	1	2	計
P	$\frac{1}{4}$	$\frac{1}{2}$	$\frac{1}{4}$	1

  - $P(X=2) = \frac{1}{4} \cdots$ 2 回中 2 回表が出る（X が 2 である）確率は $\frac{1}{4}$
  - $P(X \geq 1) = \frac{1}{2} + \frac{1}{4} = \frac{3}{4} \cdots$ 2 回中 1 回以上表が出る（X が 1 以上である）確率は $\frac{3}{4}$

例 2.3 (起こりうる事象が数値で表されていない場合の例).

二足歩行型ロボットがきちんと歩行できないという故障を起こしたので，その原因を調べたところ，その原因が 3 つの事象 (1) ロボット全体の制御装置の不良，(2) 二足部分の不良，(3) 組立不良に分類できたとする．上の各事象が原因で歩行障害が起こる確率などを計算することが問題になったとき，これらを言葉で記述するのではなく，次のように数学的に数式で記述する．

まず，各事象を，言葉ではなく，下のように英字 K_1, K_2, K_3 で表す．

$K_1 =$ ロボット全体の制御装置の不良, $K_2 =$ 二足部分の不良, $K_3 =$ 組立不良.

次に，$\{K_1, K_2, K_3\}$ を定義域とする変数を X とし，事象 K_s を $(X = i)$ と表す．

このとき，歩行障害の原因が K_i である確率 $P(K_i)$ は $P(X = i)$ と表すことができる．（実際の確率の値は過去の実績の調査などにより与えることができる）．

以上をまとめると，次のようになる．

- 試行：ロボットの歩行障害の原因調査
- 起こりうる事象：$K_1 =$ ロボット全体の制御装置の不良，$K_2 =$ 二足部分の不良，$K_3 =$ 組立不良
- 確率変数：$X : \{K_1, K_2, K_3\}$ を定義域とする変数
- 確率分布：確率分布表

X	1	2	3	計
P	p_1	p_2	p_3	1

（p_i は過去の調査から与えられる）

- $P(X \neq 2) = p_1 + p_3 \cdots$ 原因が K_2 以外すなわち原因が K_1 または K_3 である確率は $p_1 + p_3$

つまり，起こりうる事象が数値で表されていない場合も，数式化して扱うと，数学的に取り扱いやすくなるのである．

さて，確率分布においては，次が成り立つ．

定理 2.1 (確率の和).
離散型確率変数 の確率分布が

X	x_1	x_2	x_3	$\cdots$	計
P	p_1	p_2	p_3	$\cdots$	1

であるとき，そのすべての確率の和は $\displaystyle\sum_{k} p_k = 1$ である．

証明

確率変数 X が x_k をとるという事象 $(X = x_k)$ が起こる場合の数を n_k とすると，X がとりうる値は $x_1, x_2, x_3, \ldots$ がすべてであり，各事象 $(X = x_k)$ は互

いに排反であるから,すべての場合の数 n は $n = n_1 + n_2 + n_3 + \cdots = \sum_k n_k$ となり,事象 $(X = x_k)$ が起こる確率は $p_k = \frac{n_k}{n}$ である.よって,$\sum_k p_k = \sum_k \frac{n_k}{n} = \frac{1}{n} \sum_k n_k = \frac{1}{n} n = 1$ である. □

確率分布表において,右端に計 1 と記されているが,これがすべての確率の和が 1 であることを示している.

例 2.4.

確率分布

X	2	3	5	7	計
P	$\frac{3}{10}$	$\frac{1}{10}$	$\frac{1}{10}$	α	1

において,次の各問いに答えなさい.

(a) $P(X = 7) = \alpha$ の値はいくらか.

(b) $P(X < 5), P(X \neq 3), P(3 \leq X < 7)$ の値を求めなさい.

解答

(a) 確率の和は 1 であるから,$\frac{3}{10} + \frac{1}{10} + \frac{1}{10} + \alpha = 1$ である.これより $\alpha = 1 - \frac{5}{10} = \frac{1}{2}$

(b) $P(X < 5) = P(X = 2) + P(X = 3) = \frac{3}{10} + \frac{1}{10} = \frac{4}{10} = \frac{2}{5}$.
$P(X \neq 3) = 1 - P(X = 3) = 1 - \frac{1}{10} = \frac{9}{10}$. $P(3 \leq X < 7) = P(X = 3) + P(X = 5) = \frac{1}{10} + \frac{1}{10} = \frac{2}{10} = \frac{1}{5}$

□

練習問題 2.1.

次の各問いに答えなさい．

(1) 確率分布

X	0	1	2	3	4	計
P	$\frac{1}{12}$	$\frac{1}{6}$	$\frac{1}{4}$	α	$\frac{1}{3}$	1

において，

(a) α の値はいくらか．

(b) $P(X \geq 2), P(X \neq 0), P(1 \leq X < 3), P(X = 1 \, or \, X = 3)$ の値を求めなさい．

(2) 1枚のコインを3回続けて投げるとき，裏の出る回数を X とする．

(a) 確率分布表を作りなさい．

(b) $P(X \geq 1), P(X \neq 2)$ の値を求めなさい．

(c) 全部表か全部裏になる確率を求めなさい．

2.2 離散型確率変数の期待値と分散

> 離散型確率変数の期待値（平均）と分散について

■ **確率変数の期待値と分散の計算の仕方は？** 離散型確率変数の期待値と分散

離散型確率変数の期待値（平均）および分散は次のように定義される．

例 2.5.

1つのさいころを振るという試行において，出る目の数の期待値（平均）は，出る目の数を確率変数 X とすると，確率分布が

X	1	2	3	4	5	6	計
P	$\frac{1}{6}$	$\frac{1}{6}$	$\frac{1}{6}$	$\frac{1}{6}$	$\frac{1}{6}$	$\frac{1}{6}$	1

定義 2.2 (期待値,分散).
離散型確率変数 の確率分布が

X	x_1	x_2	x_3	$\cdots$	x_n	計
P	p_1	p_2	p_3	$\cdots$	p_n	1

であるとき,$\sum_{k=1}^{n} x_k p_k = x_1 p_1 + x_2 p_2 + \cdots + x_n p_n$ を X の**期待値 (平均)** といい,$E[X]$ または μ で表す.すなわち,

$$\mu = E[X] = \sum_{k=1}^{n} x_k p_k \tag{2.1}$$

確率変数では,平均を期待値ということが通常である.

また,$\sum_{k=1}^{n}(x_k - \mu)^2 p_k = (x_1 - \mu)^2 p_1 + (x_2 - \mu)^2 p_2 + \cdots + (x_n - \mu)^2 p_n$ を X の**分散**といい,$E[(X - \mu)^2]$ や $V(X)$ または σ^2 で表す.すなわち,

$$\sigma^2 = E[(X - \mu)^2] = \sum_{k=1}^{n}(x_k - \mu)^2 p_k \tag{2.2}$$

なお,分散の平方根 (ルート) を**標準偏差**といい,$\sigma(X)$,または σ で表す.すなわち,

$$\sigma = \sqrt{V(X)}$$

であるから，X の期待値は，$E[X] = 1 \cdot \frac{1}{6} + 2 \cdot \frac{1}{6} + 3 \cdot \frac{1}{6} + 4 \cdot \frac{1}{6} + 5 \cdot \frac{1}{6} + 6 \cdot \frac{1}{6} = \frac{1+2+3+4+5+6}{6} = \frac{21}{6} = 3.5$ である．

ところで，記号 $E[X] = \sum_{k=1}^{n} x_k p_k$ において，左辺の X を X の式 $\varphi(X)$ で置き換えたものを，右辺の x_k を $\varphi(x_k)$ で置き換えたもので定義できる．すなわち，$E[\varphi(X)] = \sum_{k=1}^{n} \varphi(x_k) p_k$ とできる．

例 2.6.
$$E[aX+b] = \sum_{k=1}^{n}(ax_k+b)p_k, E[X^2] = \sum_{k=1}^{n} x_k^2 \cdot p_k \text{ など．}$$

このとき，分散の定義式 $V[X] = \sum_{k=1}^{n}(x_k - \mu)^2 p_k$ は，$V(X) = E[(X-\mu)^2]$ と表すことができる．

さて，このとき分散については，次の等式が成り立つ．

定理 2.2 (分散の計算式).
分散については $V[X] = \sum_{k=1}^{n}(x_k - \mu)^2 p_k = \sum_{k=1}^{n} x_k^2 p_k - \mu^2 = E[X^2] - \{E[X]\}^2$ が成り立つ．

証明
確率の和より，$\sum_{k=1}^{n} p_k = 1$ であるから，
$$V[X] = \sum_{k=1}^{n}(x_k - \mu)^2 p_k$$

$$= \sum_{k=1}^{n}(x_k^2 - 2\mu \cdot x_k + \mu^2)p_k$$

$$= \sum_{k=1}^{n} x_k^2 p_k - 2\mu \sum_{k=1}^{n} x_k p_k + \mu^2 \cdot \sum_{k=1}^{n} p_k$$

$$= \sum_{k=1}^{n} x_k^2 p_k - 2\mu\mu + \mu^2 \cdot 1$$

$$= \sum_{k=1}^{n} x_k^2 p_k - \mu^2$$

$$= E[X^2] - \{E[X]\}^2.$$

□

例 2.7.
例 2.4 における離散型確率変数の期待値および分散と標準偏差を求めなさい.

解答

X	2	3	5	7	計
P	$\frac{3}{10}$	$\frac{1}{10}$	$\frac{1}{10}$	$\frac{1}{2}$	1

であるから, $E[X] = 2 \cdot \frac{3}{10} + 3 \cdot \frac{1}{10} + 5 \cdot \frac{1}{10} + 7 \cdot \frac{1}{2} = \frac{6+3+5+35}{10} = \frac{49}{10}$.
$E[X^2] = 2^2 \cdot \frac{3}{10} + 3^2 \cdot \frac{1}{10} + 5^2 \cdot \frac{1}{10} + 7^2 \cdot \frac{1}{2} = \frac{12+9+25+245}{10} = \frac{291}{10}$ より,

$$V(X) = E[X^2] - \{E[X]\}^2 = \frac{291}{10} - \left(\frac{49}{10}\right)^2 = \frac{509}{100}.$$

$$\sigma(X) = \sqrt{\frac{509}{100}} = \frac{22.6}{10} = 2.26.$$

練習問題 2.2.
練習問題 2.1 における離散型確率変数の期待値および分散と標準偏差を求めなさい.

■ $Z = \frac{4}{9}X + 2$ が X の標準化のとき，$E[X], V(X)$ は？　**確率変数の変換**

さて，前節の変量の変換と同様に，確率変数の変換を考えることができる．$x_1, x_2, x_3, \cdots$ の値をとる離散型確率変数 X があり，$P(X = x_k) = p_k$ であるとき，X の式 $\varphi(X)$ は，値 $\varphi(x_1), \varphi(x_2), \varphi(x_3), \cdots$ をとり，$P(\varphi(X) = \varphi(x_k)) = p_k$ であるから，$\varphi(X)$ も離散型確率変数とみなせる．つまり，ある離散型確率変数

X	x_1	x_2	x_3	$\cdots$	計
P	p_1	p_2	p_3	$\cdots$	1

から，変換 $X \to \varphi(X)$ により，新しい離散型確率変数

$\varphi(X)$	$\varphi(x_1)$	$\varphi(x_2)$	$\varphi(x_3)$	$\cdots$	計
P	p_1	p_2	p_3	$\cdots$	1

を作ることができる．

とくに，期待値 μ，標準偏差 σ である確率変数 X に対して，変換 $Z = \frac{X - \mu}{\sigma}$ で定義される確率変数 Z を，X の**標準化**または**規準化**という．

> 実は，期待値や分散の定義の後に述べた $E[\varphi(X)] = \sum_{k=1}^{n} \varphi(x_k) p_k$ は，$\varphi(X)$ が確率変数になるので，その期待値が定義でき，$\varphi(X)$ の定義と期待値の定義から $E[\varphi(X)] = \sum_{k=1}^{n} \varphi(x_k) p_k$ となるのである．

確率変数を変換してできる新しい確率変数の期待値や分散については，次が成り立つ．

28　第 2 章　離散型確率分布

定理 2.3 (確率変数の変換公式).
X を確率変数，a, b を定数とするとき，次が成り立つ．

- $E[aX + b] = aE[X] + b$
- $V(aX + b) = a^2 \cdot V(X)$
- とくに，X の標準化 $Z = \frac{X-\mu}{\sigma}$ については，$E[Z] = 0, V(Z) = 1$

証明

$$
\begin{aligned}
E[aX + b] &= \sum_{k=1}^{n}(ax_k + b)p_k \\
&= a\sum_{k=1}^{n} x_k p_k + b \\
&= aE[X] + b, \\
V(aX + b) &= E[(aX + b)^2] - \{E[aX + b]\}^2 \\
&= E[a^2 X^2 + 2abX + b^2] - \{aE[X] + b\}^2 \\
&= a^2 E[X^2] + 2abE[X] + b^2 - a^2\{E[X]\}^2 - 2abE[X] - b^2 \\
&= a^2(E[X^2] - \{E[X]\}^2) = a^2 V(X).
\end{aligned}
$$

とくに，

$$
\begin{aligned}
E[Z] &= E[\frac{1}{\sigma}X - \frac{\mu}{\sigma}] = \frac{1}{\sigma}E[X] - \frac{\mu}{\sigma} = \frac{1}{\sigma}\mu - \frac{\mu}{\sigma} = 0 \\
V(Z) &= V(\frac{1}{\sigma}X - \frac{\mu}{\sigma}) = (\frac{1}{\sigma})^2 V(X) = \frac{1}{\sigma^2}\sigma^2 = 1
\end{aligned}
$$

である．　□

例 2.8.

期待値が 66 で，標準偏差が 6 である確率変数 X を，$Z = aX + b$ の変換を行い，期待値が 50 で，標準偏差が 10 となるように，定数 $a, b, (a > 0)$ を定めなさい．

解答

$E[X] = 66, V(X) = 6^2, E[Z] = 50, V(Z) = 10^2$ である．そして，$E[Z] = E[aX + b] = aE[X] + b = 66a + b$ より，$66a + b = 50 \cdots (1)$ であり，また，$V(X) = V(aX + b) = a^2 V(X) = 6^2 a^2$ より，$6^2 a^2 = 10^2 \cdots (2)$ である．(2) より $a^2 = \frac{10^2}{6^2} \Rightarrow a = \frac{10}{6} = \frac{5}{3}$ を得，(1) より $b = 50 - 66a = 50 - 66 \times \frac{5}{3} = -60$ を得る． □

練習問題 2.3.

次の各問を答えなさい．

(1) $E[X] = 10, V(X) = \sigma^2, Z = \frac{X-b}{3}, E[Z] = 5, V(Z) = 1$ のとき，定数 $b, \sigma (\sigma > 0)$

(2) $Z = \frac{4}{9} X + 2$ が X の標準化であるとき，E[X], V(X) を求めなさい．

例 2.9 (期待値（平均）の意味の実例問題).

次のようなゲームがある．コインを 2 枚投げて，2 枚とも表だったら 500 円もらい，1 枚表だったら 100 円もらい，2 枚とも裏だったら何ももらえない．そしてゲーム 1 回の料金は 200 円である．このゲームはした方がよいかしない方がよいか．

解答

ゲームをしてもらえる金額を X 円とすると，X のとる値は 500 か 100 か 0 である．そして，コイン 2 枚を投げて表が 2 枚, 1 枚, 0 枚出る確率はそれぞれ $\frac{1}{4}, \frac{1}{2}, \frac{1}{4}$ であるから，X の確率分布は

X	500	100	0	計
P	$\frac{1}{4}$	$\frac{1}{2}$	$\frac{1}{4}$	1

で，その期待値は $E[X] = 500 \cdot \frac{1}{4} + 100 \cdot \frac{1}{2} + 0 \cdot \frac{1}{4} = 175$ である．

つまり，このゲームを何回も繰り返し行ったとき，このゲーム1回につき175円もらえることは期待できる．したがって200円払うならしない方がよい．

さて，ここまでは一般的な確率変数の話をしてきたが，現実的な諸現象を統計的に解析しようとする場合，それらの現象はいくつかのよく知られた確率分布に従う場合がある．（たとえば，多くの製品の中から何個か選んだときに含まれる不良品の個数などは二項分布という確率分布に従う．また，多くの人がある試験を受けたときの点数の分布は，正規分布に従うなど）．

そこで，以下では，現実に実際応用できるいくつかの具体的な確率変数について述べていく．

2.3 二項分布

> 二項分布と呼ばれる離散型確率分布について

■ 二項分布 $B(n,p)$ とは？　その期待値と分散は？　二項分布の定義

たとえば，さいころを n 回投げたとき1の目が出る回数を X とすると，k 回1の目が出るという事象 $(X = k)$ が起こる確率は，${}_nC_k(\frac{1}{6})^k(\frac{5}{6})^{n-k}$ である．（なぜなら，n 回のうち1の目が出る回数が k 回である場合の数は ${}_nC_k$ であり，その各々の場合が起こる確率は $(\frac{1}{5})^k(\frac{5}{6})^{n-k}$ だからである）．

つまり，この場合の確率分布は，$P(X = k) = {}_nC_k(\frac{1}{6})^k(\frac{5}{6})^{n-k}, 0 \leq k \leq n$ となる．

このような確率分布について，次の用語がある．

2.3 二項分布

> **定義 2.3 (二項分布).**
> 離散型確率変数 X の確率分布が $P(X=k) =_n C_k \cdot p^k \cdot q^{n-k}, 0 \leq k \leq n, p+q=1$ であるとき，この確率分布を**二項分布**といい，$B(n,p)$ で表す．そして，X は二項分布 $B(n,p)$ に従うという．

一般に，繰り返し行われる独立試行で，各々の試みに対してただ 2 つの結果（事象 F,S）だけが可能で，それらの起こる確率が各試行で一定（$P(F) = p, P(S) = q = 1-p$）であるとき，この試行を**ベルヌーイの試み**という．たとえば，上のさいころを n 回投げるという試行はベルヌーイの試みである．（F：1 の目が出る，S：1 の目が出ない，$p = \frac{1}{6}, q = \frac{5}{6}$ である）．

そして，二項分布はベルヌーイの試みにおける事象のおこる確率を与える確率分布なのである．

二項分布の現実的な具体例：コインを何回か投げたときの表の出る回数や，多くの製品の中から何個か選んだときに含まれる不良品の個数などが，二項分布に従う．

$B(n.p)$ の B は，二項分布の英訳 binomial distribution の頭文字 B をとったものである．

例 2.10.

確率変数 X が二項分布 $B(10, \frac{1}{3})$ に従うとき，次の確率を求めなさい．

(1) $P(X = 3)$

(2) $P(X > 7)$

(3) $P(1 \leq X \leq 3)$

解答

$P(X=k) = {}_{10}C_k (\frac{1}{3})^k (\frac{2}{3})^{10-k}$ である．よって，

(1) $P(X=3) = {}_{10}C_3 (\frac{1}{3})^3 (\frac{2}{3})^{10-3} = \frac{10 \cdot 9 \cdot 8}{3 \cdot 2 \cdot 1} \times (\frac{1}{3})^3 \times (\frac{2}{3})^7 = \frac{5 \cdot 3^2 \cdot 2^{11}}{2 \cdot 3^{11}} = \frac{5 \cdot 2^{10}}{3^9}$.

(2) $P(X>7) = P(X=8) + P(X=9) + P(X=10) = {}_{10}C_8 (\frac{1}{3})^8 (\frac{2}{3})^2 + {}_{10}C_9 (\frac{1}{3})^9 (\frac{2}{3})^1 + {}_{10}C_{10} (\frac{1}{3})^{10} (\frac{2}{3})^0 = \frac{10 \cdot 9}{2 \cdot 1} \times (\frac{1}{3})^8 \times (\frac{2}{3})^2 + \frac{10}{1} \times (\frac{1}{3})^9 \times \frac{2}{3} + 1 \times (\frac{1}{3})^{10} \times 1 = \frac{45 \times 2^2 + 10 \times 2 + 1}{3^{10}} = \frac{201}{3^{10}} = \frac{67}{3^9}$.

(3) $P(1 \leq X \leq 3) = P(X=1) + P(X=2) + P(X=3) = {}_{10}C_1 (\frac{1}{3})^1 (\frac{2}{3})^9 + {}_{10}C_2 (\frac{1}{3})^2 (\frac{2}{3})^8 + {}_{10}C_3 (\frac{1}{3})^3 (\frac{2}{3})^7 = \frac{10}{1} \times \frac{1}{3} \times (\frac{2}{3})^9 + \frac{10 \cdot 9}{2 \cdot 1} \times (\frac{1}{3})^2 \times (\frac{2}{3})^8 + \frac{10 \cdot 9 \cdot 8}{3 \cdot 2 \cdot 1} \times (\frac{1}{3})^3 \times (\frac{2}{3})^7 = \frac{10 \times 2^9 + 45 \times 2^8 + 120 \times 2^7}{3^{10}} = \frac{2^7 \times 250}{3^{10}} = \frac{2^8 \cdot 5^3}{3^{10}}$.

練習問題 2.4.

確率変数 X が二項分布 $B(8, \frac{1}{2})$ に従うとき，次の確率を求めなさい．

(1) $P(X=3)$

(2) $P(X>7)$

(3) $P(1 \leq X \leq 3)$

(4) $P(X \neq 4)$

二項分布に従う確率変数の期待値や分散は，次のようになる．

定理 2.4 (二項分布の期待値，分散).

確率変数 X が二項分布 $B(n,p)$ に従うとき，次が成り立つ．

- $E[X] = np$
- $V(X) = npq = np(1-p)$
- $\sigma(X) = \sqrt{npq}$

証明

まず，計算の準備をする．

2項定理 $(a+b)^n = \sum_{k=0}^{n} {}_nC_k a^k b^{n-k}$ で，$a=tp, b=q$ とおくと，$(tp+q)^n = \sum_{k=0}^{n} {}_nC_k (tp)^k q^{n-k} = {}_nC_0 (tp)^0 q^{n-0} + \sum_{k=1}^{n} {}_nC_k (tp)^k q^{n-k} = q^n + \sum_{k=1}^{n} {}_nC_k t^k p^k q^{n-k}$ である．

この両辺を t で微分すると，$n(tp+q)^{n-1} \times p = 0 + \sum_{k=1}^{n} {}_nC_k k t^{k-1} p^k q^{n-k} = \sum_{k=0}^{n} k {}_nC_k t^{k-1} p^k q^{n-k}$.

すなわち，$np(tp+q)^{n-1} = \sum_{k=0}^{n} k {}_nC_k t^{k-1} p^k q^{n-k} \cdots (*)$ を得る．この式で $t=1$ を代入すると，$np(p+q)^{n-1} = \sum_{k=0}^{n} k {}_nC_k 1^{k-1} p^k q^{n-k}$ となるが，$p+q=1$ だから $np = \sum_{k=0}^{n} k {}_nC_k p^k q^{n-k} \cdots (1)$ となる．

次に，$(*)$ 式の両辺に t をかけると，$np(tp+q)^{n-1} t = \sum_{k=0}^{n} k {}_nC_k t^k p^k q^{n-k}$ となるが，この両辺を t で微分すると（左辺は積の微分で微分），$np\{(n-1)(tp+q)^{n-2} \times pt + (tp+q)^{n-1} \cdot 1\} = \sum_{k=0}^{n} k {}_nC_k k t^{k-1} p^k q^{n-k}$ を得る．この式で $t=1$ を代入すると，$np\{(n-1)(p+q)^{n-2} \times p + (p+q)^{n-1} \cdot 1\} = \sum_{k=0}^{n} k {}_nC_k k \cdot 1^{k-1} p^k q^{n-k}$ となるが，$p+q=1$ だから $np\{(n-1)p+1\} = \sum_{k=0}^{n} k_n^2 C_k p^k q^{n-k} \cdots (2)$ となる．

それでは，定理を証明しよう．

二項分布では，$x_k = k, p_k = {}_nC_k p^k q^{n-k}, 0 \leq k \leq n$ だから，(1)式より，

$E[X] = \sum_{k=0}^{n} x_k p_k = \sum_{k=0}^{n} k {}_nC_k p^k q^{n-k}$ である．また，(2) 式と $E[X] = np$ より，$V(X) = E[X^2] - \{E[X]\}^2 = \sum_{k=0}^{n} k^2 {}_nC_k p^k q^{n-k} - (np)^2 = np\{(n-1)p + 1\} - (np)^2 = np\{(n-1)p + 1 - np\} = np(1-p) = npq$ であり，$\sigma(X) = \sqrt{V(X)} = \sqrt{npq}$ である． □

例 2.11.

確率変数 X が二項分布 $B(50, p)$ に従い，その期待値が 18 であるとき，p の値および X の分散，標準偏差を求めなさい．

解答

期待値が 18 であるから，$E[X] = np = 50p = 18$ である．よって，$p = \frac{18}{50} = \frac{9}{25}$ を得る．このとき，$V(X) = np(1-p) = 50 \cdot \frac{9}{25} \cdot \frac{16}{25} = \frac{288}{25}, \sigma(X) = \sqrt{\frac{288}{25}} = \frac{12\sqrt{2}}{5}$ を得る．

練習問題 2.5.

次の各問いに答えなさい．

(1) 二項分布 $B(100, 0.1)$ に従う確率変数 X の期待値および分散，標準偏差を求めなさい．

(2) 二項分布 $B(n, p)$ に従う確率変数 X の期待値が 50 で，標準偏差が 7 であるとき，n, p の値を求めなさい．

■ **二項分布の具体的問題が解けるかな？　二項分布の応用**

例 2.12.

ある工場で製造している製品は，100 個のうち 4 個の不良品が含まれているとする．この製品 600 個の中に含まれる不良品の個数の期待値および標準偏差を求めなさい．

解答

600 個の中に含まれる不良品の個数を X とすると，X は $n = 600$, $p = \frac{4}{100} = \frac{1}{25}$ の二項分布 $B(600, \frac{1}{25})$ に従う．（製品を 1 個取り出したときそれが不良品である確率は $\frac{4}{100} = \frac{1}{25}$ であるから，600 個の中に k 個の不良品が含まれる確率は $P(X = k) = {}_{600}C_k (\frac{1}{25})^k (\frac{24}{25})^{600-k}, 0 \leq k \leq 600$ となる）．よって，その期待値は $E[X] = np = 600 \times \frac{1}{25} = 24$ であり，$V(X) = np(1-p) = 600 \cdot \frac{1}{25} \cdot \frac{24}{25} = \frac{24 \cdot 24}{25}$ であるから，標準偏差は $\sigma(X) = \sqrt{\frac{24 \cdot 24}{25}} = \frac{24}{5}$ である．

練習問題 2.6.

次の各問いに答えなさい．

(1) さいころを 100 回投げるとき，5 以上の目が出る回数の期待値，分散および標準偏差を求めなさい．

(2) 10 問中 9 問正解できる人が，100 問の問題を解答した場合，正解の解答数の期待値と標準偏差，および 99 問以上正解である確率を求めなさい．

2.4 ポアソン分布

ポアソン分布と呼ばれる離散型確率分布について

■ ポアソン分布とは？　その期待値と分散は？　ポアソン分布の定義

たとえば，X が二項分布 $B(100, 0.05)$ に従うとき，$X = 10$ である確率は $P(X = 10) = {}_{100}C_{10} (\frac{1}{20})^{10} (\frac{19}{20})^{90}$ であるが，この値の計算は簡単ではない．一般に，n が大きい二項分布 $B(n, p)$ における確率 $P(X = k) = {}_nC_k p^k q^{n-k}$ の値の計算は簡単でない．

ところが一般に，n が大きく，p が小さく，np が適度の大きさである場合には，$\lambda = np$ とおくと，n に比べて小さい k に対して $nC_k p^k q^{n-k}$ は $\frac{\lambda^k e^{-\lambda}}{k!}$ で近似されることが知られている（後述参照）．

つまり二項分布の確率 $P(X=k)$ は $\frac{\lambda^k e^{-\lambda}}{k!}, \lambda = np$ で近似される. そこで, 次のような用語がある.

定義 2.4 (ポアソン分布).
離散型確率変数 X の確率分布が $P(X=k) = \frac{\lambda^k e^{-\lambda}}{k!}, \lambda = np, k \geq 0$ であるとき, この確率分布を**ポアソン分布**といい, X はポアソン分布に従うという.

ポアソン (Poisson) は人名である.

定義の前に述べたことより, **ポアソン分布**は n が大きいときの二項分布を近似しているとみなせる.

先の例 $B(100, 0.05)$ については, $n = 100, p = 0.05$ より $\lambda = np = 100 \times 0.05 = 5$ であるから,

$$P(X=10) = {}_{100}C_{10}(\frac{1}{20})^{10}(\frac{19}{20})^{90} \fallingdotseq \frac{5^{10}e^{-5}}{10!}$$

である.

ポアソン分布の現実的な具体例として, 一定時間内にかかってくる電話の回数や, 1カ月に起こる事故の数などが, ポアソン分布に従うことが知られている.

例 2.13.

ある道路で 1 分間に通過する車の台数 X がポアソン分布 $\lambda = 5$ に従うとき, 1 分間に通過する車の台数が次のようになる確率を求めなさい.

(1) ちょうど 3 台通過する確率

(2) 通過するのが 2 台以下である確率

解答

k 台通過する確率は $P(X=k) = \frac{5^k e^{-5}}{k!}$ である. よって,

(1) ちょうど 3 台通過する確率は $P(X=3) = \frac{5^3 e^{-5}}{3!} = \frac{125 e^{-5}}{6}$.

(2) $P(X \leq 2) = P(X=0) + P(X=1) + P(X=2) = \frac{5^0 e^{-5}}{0!} + \frac{5^1 e^{-5}}{1!} + \frac{5^2 e^{-5}}{2!} = e^{-5}(1 + 5 + \frac{25}{2}) = \frac{37}{2} e^{-5}$.

練習問題 2.7.

ある家で 1 日にかかる電話の回数 X が $\lambda = 6$ のポアソン分布に従うとき，1 日にかかる電話の回数が次のようになる確率を求めなさい．

(1) ちょうど 3 回かかる確率

(2) かかるのが 2 回以下である確率

(3) かかるのが 2 回以上 4 回以下である確率

(4) かかるのが 4 回でない確率

ポアソン分布に従う確率変数の期待値や分散は，次のようになる．

定理 2.5 (ポアソン分布の期待値，分散).

- $E[X] = \lambda$
- $V(X) = \lambda$
- $\sigma(X) = \sqrt{\lambda}$

証明

指数関数 e^x のマクローリン展開より $e^x = \sum_{k=0}^{\infty} \frac{1}{k!} x^k$ であるから，$e^\lambda = \sum_{k=0}^{\infty} \frac{1}{k!} \lambda^k$ である．

ポアソン分布では，

$$x_k = k, p_k = \frac{\lambda^k e^{-\lambda}}{k!}, 0 \leq k$$

だから，

$$E[X] = \sum_{k=0}^{\infty} x_k p_k$$
$$= \sum_{k=0}^{\infty} k \cdot \frac{\lambda^k e^{-\lambda}}{k!}$$
$$= 0 + \sum_{k=1}^{\infty} k \cdot \frac{\lambda^k e^{-\lambda}}{k!}$$
$$= \lambda e^{-\lambda} \sum_{k=1}^{\infty} \frac{\lambda^{k-1}}{(k-1)!}$$
$$= \lambda e^{-\lambda} \sum_{k=0}^{\infty} \frac{\lambda^k}{k!}$$
$$= \lambda e^{-\lambda} \cdot e^{\lambda}$$
$$= \lambda$$

である．また，

$$E[X^2] = \sum_{k=0}^{\infty} k^2 \cdot \frac{\lambda^k e^{-\lambda}}{k!}$$
$$= 0 + \sum_{k=1}^{\infty} k^2 \cdot \frac{\lambda^k e^{-\lambda}}{k!}$$
$$= \sum_{k=1}^{\infty} k \cdot \frac{\lambda^k e^{-\lambda}}{(k-1)!}$$
$$= \sum_{k=1}^{\infty} \{1 + (k-1)\} \cdot \frac{\lambda^k e^{-\lambda}}{(k-1)!}$$
$$= \sum_{k=1}^{\infty} \frac{\lambda^k e^{-\lambda}}{(k-1)!} + \sum_{k=1}^{\infty} (k-1) \cdot \frac{\lambda^k e^{-\lambda}}{(k-1)!}$$
$$= \lambda e^{-\lambda} \sum_{k=1}^{\infty} \frac{\lambda^{k-1}}{(k-1)!} + 0 + \sum_{k=2}^{\infty} (k-1) \cdot \frac{\lambda^k e^{-\lambda}}{(k-1)!}$$

$$= \lambda e^{-\lambda} \sum_{k=0}^{\infty} \frac{\lambda^k}{k!} + \sum_{k=2}^{\infty} \frac{\lambda^k e^{-\lambda}}{(k-2)!}$$

$$= \lambda e^{-\lambda} e^{\lambda} + \lambda^2 e^{-\lambda} \sum_{k=2}^{\infty} \frac{\lambda^{k-2}}{(k-2)!}$$

$$= \lambda + \lambda^2 e^{-\lambda} \sum_{k=0}^{\infty} \frac{\lambda^k}{k!}$$

$$= \lambda + \lambda^2 e^{-\lambda} e^{\lambda}$$

$$= \lambda + \lambda^2$$

より,

$$V(X) = E[X^2] - \{E[X]\}^2 = (\lambda + \lambda^2) - \lambda^2 = \lambda$$

であり, $\sigma(X) = \sqrt{V(X)} = \sqrt{\lambda}$ である. □

例 2.14.

ある工場で製造している製品は 1000 個のうち 3 個の不良品が含まれているとする. この製品 2000 個の中に含まれる不良品の個数が 5 個以下である確率を, 二項分布をポアソン分布で近似することにより求めなさい.

解答

2000 個の中に含まれる不良品の個数を X とすると, X は $n = 2000$, $p = \frac{3}{1000}$ の二項分布 $B(2000, \frac{3}{1000})$ に従う.

そして, これは $\lambda = np = 2000 \times \frac{3}{1000} = 6$ のポアソン分布 $P(X = k) = \frac{6^k e^{-6}}{k!}$ で近似できる.

よって, 求める確率は, $P(X \leq 5) = \sum_{k=0}^{5} P(X \leq k) = \sum_{k=0}^{5} \frac{6 e^{-6}}{k!} = e^{-6} \sum_{k=0}^{5} \frac{6}{k!} = e^{-6} \left(\frac{6^0}{0!} + \frac{6^0}{0!} + \frac{6^1}{1!} + \frac{6^2}{2!} + \frac{6^3}{3!} + \frac{6^4}{4!} + \frac{6^5}{5!} \right) = e^{-6} \left(1 + 6 + 18 + 36 + 54 + \frac{324}{5} \right) = \frac{899}{5e^6}$ である.

練習問題 2.8.

次の各問いの確率を，二項分布をポアソン分布で近似することにより求めなさい．

(1) 1460 人のグループの中で，誕生日が七夕である人がちょうど 4 人いる確率．

(2) ある人は，ボウリングで 50 投のうち 1 投はガーターを出すという．この人が 100 投したとき，ガーターの回数が 4 回以下である確率．

参考

ポアソン分布による二項分布の近似の精度について，上記問題 (1) において，グループの人数が 500 人の場合は，二項分布による確率とポアソン分布による確率は次のような値になる．

誕生日が七夕である人の人数	0	1	2	3	4	5	6
二項分布による確率	0.2537	0.3484	0.2388	0.1089	0.0372	0.0101	0.0023
ポアソン分布による確率	0.2541	0.3481	0.2385	0.1089	0.0373	0.0102	0.0023

補足 $_nC_k p^k q^{n-k}$ が $\frac{\lambda^k e^{-\lambda}}{k!}$ で近似されることの証明

$\lambda = np$ より $p = \frac{\lambda}{n}$ である．そして，λ が定数のとき，$\lim_{n \to \infty} \frac{\lambda}{n} = 0$ である．そこで，

$$\lim_{n \to \infty} {}_nC_k p^k q^{n-k}$$
$$= \lim_{n \to \infty} {}_nC_k p^k (1-p)^{n-k}$$
$$= \lim_{n \to \infty} \frac{n!}{k!(n-k)!} \cdot \left(\frac{\lambda}{n}\right)^k \cdot \left(1 - \frac{\lambda}{n}\right)^{n-k}$$
$$= \lim_{n \to \infty} \frac{\lambda^k}{k!} \cdot \frac{n!}{(n-k)! n^k} \cdot \left(1 - \frac{\lambda}{n}\right)^{-k} \cdot \left(1 - \frac{\lambda}{n}\right)^n$$
$$= \lim_{n \to \infty} \frac{\lambda^k}{k!} \cdot \frac{n(n-1)(n-2)\cdots(n-k+1)}{n^k} \cdot (1-0)^{-k} \cdot \left(1 - \frac{\lambda}{n}\right)^n$$

$$= \lim_{n\to\infty} \frac{\lambda^k}{k!} \cdot (1-\frac{1}{n})(1-\frac{2}{n})\cdots(1-\frac{k-1}{n}) \cdot (1-\frac{\lambda}{n})^n$$
$$= \lim_{n\to\infty} \frac{\lambda^k}{k!} \cdot (1-0)(1-0)\cdots(1-0) \cdot (1-\frac{\lambda}{n})^n$$
$$= \lim_{n\to\infty} \frac{\lambda^k}{k!}(1-\frac{\lambda}{n})^n \tag{2.3}$$

となる.

ここで, $m = \frac{n-\lambda}{\lambda}$ とおくと, $n = m\lambda + \lambda$ であり, $n \to \infty$ のとき $m \to \infty$ である. e の定義から $e = \lim_{m\to\infty}(1+\frac{1}{m})^m$ であることに注意すれば,

$$\begin{aligned}
\lim_{n\to\infty}(1-\frac{\lambda}{n})^n &= \lim_{m\to\infty}(1-\frac{\lambda}{m\lambda+\lambda})^{m\lambda+\lambda} \\
&= \lim_{m\to\infty}(1-\frac{1}{m+1})^{m\lambda+\lambda} \\
&= \lim_{m\to\infty}(1-\frac{1}{m+1})^{m\lambda}(1-\frac{1}{m+1})^\lambda \\
&= \lim_{m\to\infty}(\frac{m}{m+1})^{m\lambda}(1-0)^\lambda \\
&= \lim_{m\to\infty}(\frac{m+1}{m})^{-m\lambda} \\
&= \lim_{m\to\infty}\{(1+\frac{1}{m})^m\}^{-\lambda} \\
&= e^{-\lambda}
\end{aligned}$$

だから, (2.3) 式 $= \frac{\lambda^k e^{-\lambda}}{k!}$ となる. すなわち, $n \to \infty$ のとき ${}_nC_k p^k q^{n-k} \to \frac{\lambda^k e^{-\lambda}}{k!}$ である.

第3章 連続型確率分布

3.1 連続型確率変数
3.2 連続型確率変数の期待値と分散
3.3 一様分布
3.4 正規分布の定義
3.5 正規分布の確率
3.6 正規分布の応用
3.7 その他の連続型確率変数

3.1 連続型確率変数

> 連続型確率変数という確率変数について

■ 連続型確率変数とは？　確率密度関数とは？　連続型確率変数の定義

前章の離散型確率変数 X では，X のとる値は $x_1, x_2, \cdots$ というようなとびとびの値であった．しかし，変数のとる値はこのようなとびとびの値だけとは限らない．以下の例のように，確率変数が連続的な値をとるような場合もある．

例 3.1.

今，点 O を中心とする 1 つの円を描き，この円周に沿って溝を付け，その上に小球を転がし，円周上のどの点に止まるかを観察する．（つまりルーレットを考える）．

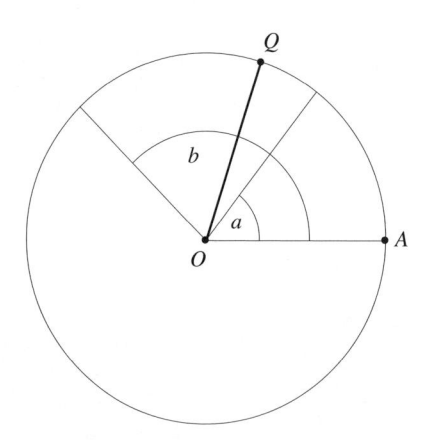

図 3.1　ルーレットの図

この円周上に定点 A をとり，小球が点 Q で止まったとき，OA から OQ までの角を $X, 0 \leq X \leq 2\pi$ とすると，X のとりうる値は 0 から 2π までの実数であり，（離散型と違い，とびとびの値ではない！），そして，次のような意味で確率を考えることができるので，確率変数とみなすことができる．

$0 \leq a \leq b < 2\pi$ のとき，X が a から b の間の値をとる確率 $P(a \leq X \leq b)$ は，1周分の角度の幅は 2π で a，から b の間の角度の幅は $b - a$ だから，$\frac{b-a}{2\pi}$ と考えられる．

この確率は，別の書き方をすると，定積分を用いて $P(a \leq X \leq b) = \frac{b-a}{2\pi} = \int_a^b \frac{1}{2\pi} dx$ と表せる．

例 3.2.
振幅 $2c$ の振り子があり，この振り子の時刻 t での x 座標 X が $X = c \sin t$ で与えられるとする．このとき X のとりうる値は $-c$ から c までの実数であり，そして，$-c \leq a < b \leq c$ に対して，ある瞬間に X が a から b の間の値をとる確率 $P(a \leq X \leq b)$ は，$\frac{1}{\pi}\{\sin^{-1}(\frac{b}{c}) - \sin^{-1}(\frac{a}{c})\}$ である．

なぜならば，X が $-c$ から c まで動くのにかかる時間は（たとえば $t = -\frac{\pi}{2}$ から $t = \frac{\pi}{2}$ までの）π であり，この間で X が a から b の間にある時間は，

$$a \leq X \leq b \Leftrightarrow a \leq c\sin t \leq b$$
$$\Leftrightarrow \frac{a}{c} \leq \sin t \leq \frac{b}{c}$$
$$\Leftrightarrow \sin^{-1}\left(\frac{a}{c}\right) \leq t \leq \sin^{-1}\left(\frac{b}{c}\right)$$

より $\sin^{-1}(\frac{b}{c}) - \sin^{-1}(\frac{a}{c})$ であるからである．

この確率は，定積分を用いて

$$P(a \leq X \leq b) = \frac{1}{\pi}\{\sin^{-1}\left(\frac{b}{c}\right) - \sin^{-1}\left(\frac{a}{c}\right)\}$$
$$= \left[\frac{1}{\pi}\sin^{-1}\left(\frac{x}{c}\right)\right]_a^b$$
$$= \int_a^b \frac{1}{\pi\sqrt{c^2 - x^2}} dx$$

と表せる．

上記の例のように，確率変数は連続的な値をとる場合もあることがわかった．そして，例においては，確率 $P(a \leq X \leq b)$ は $\int_a^b f(x)dx$ の形の定積分で表され

た．ここで，$f(x)$ は，（定義されていないところでは 0 と定義して，）$\int_a^b f(x)dx$ が確率を与えるので $f(x) \geq 0$ であり，全体の確率は 1 だから $\int_{-\infty}^{+\infty} f(x)dx = 1$ を満たす．そこで，連続的な値をとる確率変数について，あらためて次のように定義する．

定義 3.1 (連続型確率変数，確率密度関数).
実数値をとる変数 X と，ある関数 $f(x)$ があり，任意の定数 $a, b, a \leq b$ に対して，$(a \leq X \leq b)$ である確率が $P(a \leq X \leq b) = \int_a^b f(x)dx$ で与えられるとき，

- X を**連続型確率変数**といい，$f(x)$ を X の**確率密度関数**という．
- $F(x) = P(X \leq x) = \int_{-\infty}^x f(x)dx$ を X の**確率分布関数**という．
- 式 $P(a \leq X \leq b) = \int_a^b f(x)dx$ を X の**確率分布**という．

つまり，連続型確率変数は，確率密度関数という関数により確率が定義される確率変数である．言い換えると，連続型確率変数には，必ず確率密度関数が指定されている．

確率密度関数は，（定義されていないところではその値を 0 と定義することにより）通常，定義域は実数全体とする．

定積分 $\int_a^b f(x)dx$ は，$x = a$ から $x = b$ までの間で $y = f(x)$ のグラフと x 軸で囲まれた部分の面積を意味するから，確率 $P(a \leq X \leq b)$ は確率密度関数のグラフで囲まれた部分の面積と考えてよい．

先の例 3.1 における確率密度関数は

$$f(x) = \begin{cases} \frac{1}{2\pi}, & 0 \leq x < 2\pi \\ 0, & x < 0 \text{ or } x \geq 2\pi \end{cases}$$

であり，$P(a \leq X \leq b)$ は図 3.2 の灰色部分の面積である．

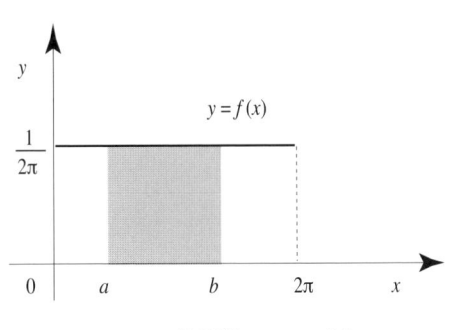

図 3.2 一様関数のグラフ図

例 3.2 における確率密度関数は

$$f(x) = \begin{cases} \frac{1}{\pi\sqrt{c^2-x^2}}, & -c < x < c \\ 0, & x \leq -c \ or \ x \geq c \end{cases}$$

であり，$P(a \leq X \leq b)$ は図 3.3 の灰色部分の面積である．

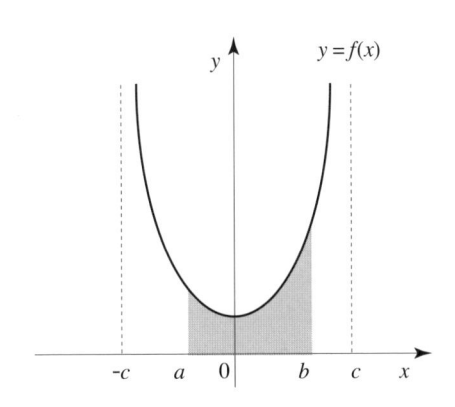

図 3.3 2次関数のグラフ図

連続型確率変数 X では,X が 1 点を取る確率は 0 である.すなわち,$P(X = a) = 0$ である.なぜならば,$F(x) = \int f(x)dx$ とおくと $P(X = a) = \int_a^a f(x)dx = [F(x)]_a^a = F(a) - F(a) = 0$ だからである.

確率密度関数は,次の例 3.3 のように,総度数が大きいときの相対度数分布のヒストグラムを近似する関数と考えることもできる.

例 3.3.

人の身長は,1 cm 刻みで測定した場合はとびとびの離散的な値であるが,正確に測定した場合は実数値をとる.すなわち連続的な値をとる変量である.

今,人の身長を正確に測定し,その度数分布および相対度数分布が次のようになったとする.

階級	150〜155	155〜160	160〜165	165〜170	170〜175	175〜180	180〜185	計
階級値	152.5	157.5	162.5	167.5	172.5	177.5	182.5	
度数	2	5	7	15	8	2	1	40
相対度数	0.0050	0.125	0.175	0.375	0.200	0.050	0.025	1.00

この相対度数の分布をヒストグラム(柱状グラフ)で表すと,図 3.4 上のようになり,このヒストグラムをなめらかな関数のグラフで近似すると図 3.4 下のようになる.

そして,40 人の中から選んだ一人の身長が 160 cm から 175 cm の間にある確率は,上図のヒストグラムから $0.175 + 0.375 + 0.2 = 0.75$ であるが,この確率の値は,下図のグラフで囲まれた部分の面積で近似できるのである.データの総度数がもっと大きいときには,この近似はさらに精度の良いものになる.とくに,上の例 3.3 における近似曲線は,正規分布曲線と呼ばれ,この正規分布は非常に重要な連続型確率分布である(後述).

連続型確率変数の確率密度関数については,次が成り立つ.

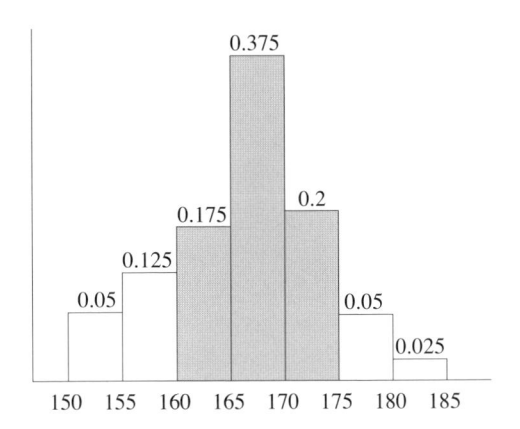

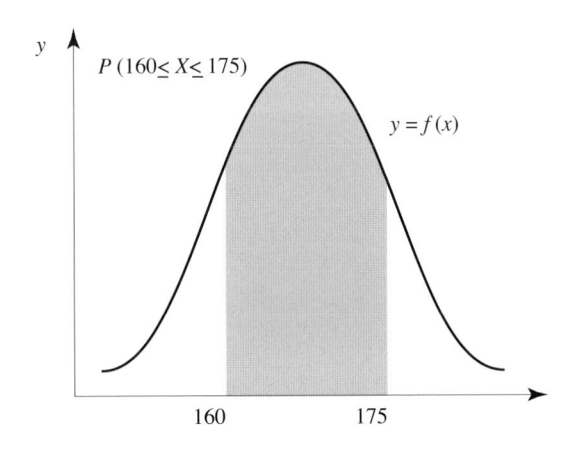

図 3.4 ヒストグラムと近似グラフ

定理 3.1 (全確率).
連続型確率変数の確率密度関数 $f(x)$ については，次が成り立つ．
- $f(x) \geq 0$
- $\int_{-\infty}^{\infty} f(x)dx = 1$

証明

- もし $f(x) < 0$ となる c があれば，c に近い $x, c-\varepsilon \leq x \leq c+\varepsilon$ について $f(x) < 0$ である．このとき，$P(c-\varepsilon \leq x \leq c+\varepsilon) = \int_{c-\varepsilon}^{c+\varepsilon} f(x)dx < \int_{c-\varepsilon}^{c+\varepsilon} 0 dx = 0$ となる．しかし，確率の値は 0 以上であるから，これは矛盾である．つまり，$f(c) < 0$ となる c はない．すなわち，$f(x) \geq 0$ である．
- 全体の確率は 1 であるから，$\int_{-\infty}^{\infty} f(x)dx = P(-\infty \leq x \leq +\infty) = 1$ が成り立つ． □

■ **連続型確率変数の確率の計算方法は？** 連続型確率変数の確率

例 3.4.

確率密度関数が

$$f(x) = \begin{cases} k(1 - x^2), & -1 \leq x \leq 1 \\ 0, & x < -1 \ or \ x > 1 \end{cases}$$

であるとき，定数 k の値を定めなさい．また，確率 $P(-0.5 \leq X \leq 2)$ の値を求めなさい．

解答

$\int_{-\infty}^{\infty} f(x)dx = 1$ である．左辺を計算すると，$\int_{-\infty}^{\infty} f(x)dx = \int_{-\infty}^{-1} f(x)dx + \int_{-1}^{1} f(x)dx + \int_{1}^{\infty} f(x)dx = \int_{-\infty}^{-1} 0 dx + \int_{-1}^{1} k(1-x^2)dx + \int_{1}^{\infty} 0 dx = 0 + k[x - \frac{1}{3}x^3]_{-1}^{1} + 0 = k(1 - \frac{1}{3}) - (-1 + \frac{1}{3}) = \frac{4}{3}k$．だから，$\frac{4}{3}k = 1$ を得る．これより，$k = \frac{3}{4}$ である．次に，$P(-0.5 \leq X \leq 2) = \int_{-0.5}^{2} f(x)dx = \int_{-0.5}^{1} f(x)dx + \int_{1}^{2} f(x)dx = \int_{-\frac{1}{2}}^{1} k(1-x^2)dx + \int_{1}^{2} 0 dx = k[x - \frac{1}{3}x^3]_{-\frac{1}{2}}^{1} + 0 = k(1 - \frac{1}{3}) - (-\frac{1}{2} + \frac{1}{3} \cdot \frac{1}{8}) = \frac{9}{8}k = \frac{9}{8} \cdot \frac{3}{4} = \frac{27}{32}$． □

練習問題 3.1.

次の各問いに答えなさい．

(1) 確率密度関数が

$$f(x) = \begin{cases} ax, & 0 \leq x \leq 1 \\ 0, & x < 0 \ or \ x > 1 \end{cases}$$

であるとき，定数 a の値を定め，確率 $P(0 \leq X \leq 0.5), P(0.5 \leq X \leq 1)$ の値を求めなさい．

(2) 確率密度関数が

$$f(x) = \begin{cases} a(2-x), & 0 \leq x \leq 2 \\ a(2+x), & -2 \leq x \leq 0 \\ 0, & x < -2 \ or \ x > 2 \end{cases}$$

であるとき，定数 a の値を定め，確率 $P(1 \leq X \leq 2), P(-3 \leq X \leq 1)$ の値を求めなさい．

3.2 連続型確率変数の期待値と分散

連続型確率変数の期待値（平均）と分散について

■ 連続型確率変数の期待値は？　分散は？　連続型確率変数の期待値と分散

離散型確率変数の期待値の定義は $E[X] = \sum_{k=1}^{n} x_k p_k$ であった．つまり，(期待値) $= \Sigma(X$ のとる値$) \times ($そのときの確率$)$ である．同様のことを，連続型確率変数 X で考えてみる．

まず，確率密度関数を $f(x)$ の定義域 $\{a < x < b\}$ を n 個の細かい部分に分けて，$a = x_0 < x_1 < x_2 < \cdots < x_{k-1} < x_k < \cdots < x_n = b$ とする（図 3.5 上）．このとき，区間 $\{x_{k-1} < x < x_k\}$ において，それに含まれる x は，x_k で近似できる．

すなわち，$(X$ のとる値$) \doteqdot x_k$ である．

また，X が区間 $\{x_{k-1} < x < x_k\}$ の値をとる確率は，$x_{k-1} < x < x_k$ 上で $y = f(x)$ のグラフで囲まれた部分の面積であるが，これは底辺 $x_k - x_{k-1}$，高さ $f(x_k)$ の長方形の面積で近似できる．すなわち，(そのときの確率) $\fallingdotseq f(x) \cdot (x_k - x_{k-1})$ である（図 3.5 下）．よって，

(期待値) $= \Sigma(X \text{ のとる値}) \times (\text{そのときの確率}) \fallingdotseq \sum_{k=1}^{n} x_k \times f(x) \cdot (x_k - x_{k-1})$

である．

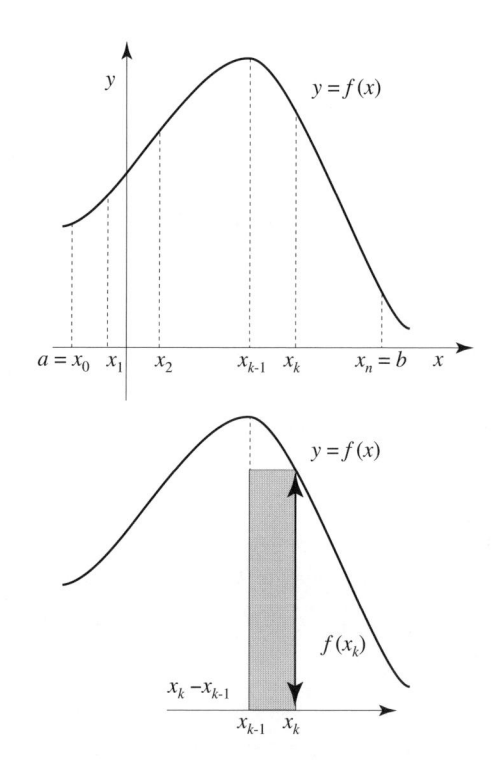

図 3.5 連続型密度関数の確率定義のグラフ

そして，分点の個数 n を多くして，各区間の幅を小さくしたとき，$\fallingdotseq$ が $=$ になる．つまり，(期待値) $= \lim_{n \to \infty} \sum_{k=1}^{n} x_k \times f(x) \cdot (x_k - x_{k-1})$ と考え

ることができる．

ところで，積分の応用に述べる定積分と和の極限の定理より，この右辺は $\int_a^b x \cdot f(x)dx$ と一致することがいえる．

そして，$f(x)$ の定義域 $\{a < x < b\}$ は通常 $\{-\infty < x < \infty\}$ だから，(期待値) $= E[X] = \int_{-\infty}^{\infty} x \cdot f(x)dx$ と考えることができる．

また，離散型確率変数の分散の定義は $V(X) = \sum_{k=1}^{n}(x_k - \mu)^2 p_k$ であったが，これについても，上記と同様の考察を行うと，連続型確率変数の分散は $V(X) = \int_{-\infty}^{\infty}(x - \mu)^2 \cdot f(x)dx$ と考えられることがわかる．（あるいは，$V(X) = E[(X - \mu)^2]$ であったから，$E[X] = \int_{-\infty}^{\infty} x \cdot f(x)dx$ において，右辺の積分の $f(x)$ の前の x を $(x - \mu)^2$ に変えたものと考えてもよい）．

以上の考察により，連続型確率変数の平均と分散を次のように定義する．

定義 3.2 (連続型確率変数の期待値，分散)．
確率密度関数が $f(x)$ である連続型確率変数 X に対して，

- $\int_{-\infty}^{\infty} x \cdot f(x)dx$ を X の**期待値（平均）**といい，$E[X]$ または μ で表す．

- $\int_{-\infty}^{\infty} (x-\mu)^2 \cdot f(x)dx$ を X の**分散**といい，$V(X)$ または σ^2 で表す．すなわち，$\mu = E[X] = \int_{-\infty}^{\infty} x \cdot f(x)dx$, $\sigma^2 = V(X) = \int_{-\infty}^{\infty} (x-\mu)^2 \cdot f(x)dx$．

- 分散のルートを**標準偏差**といい，$\sigma(X)$ または σ で表す．すなわち，$\sigma(X) = \sqrt{V(X)}$．

さて，離散型のときは $V(X) = E[X^2] - \{E[X]\}^2$ が成り立っていた．連続型のときも同様である．

> **定理 3.2 (分散の計算式).**
> 分散については $V(X) = E[X^2] - \{E[X]\}^2 = \int_{-\infty}^{+\infty} x^2 \cdot f(x)dx - \mu^2$ が成り立つ.

証明

全確率は 1 より, $\int_{-\infty}^{\infty} f(x)dx = 1$ であり, $\mu = \int_{-\infty}^{\infty} x \cdot f(x)dx$ であるから, $V(X) = \int_{-\infty}^{\infty}(x-\mu)^2 \cdot f(x)dx = \int_{-\infty}^{\infty}(x^2 - 2\mu x + \mu^2) \cdot f(x)dx = \int_{-\infty}^{\infty} x^2 \cdot f(x) - 2\mu \int_{-\infty}^{\infty} x \cdot f(x)dx + \mu^2 \int_{-\infty}^{\infty} f(x)dx = E[X^2] - 2\mu\mu + \mu^2 \cdot 1 = E[X^2] - \mu^2$ となる. □

例 3.5.

例 3.4 における連続型確率変数の期待値および分散と標準偏差を求めなさい.

解答

$E[X] = \int_{-\infty}^{+\infty} x \cdot f(x)dx = \int_{-\infty}^{-1} x \cdot f(x)dx + \int_{-1}^{1} x \cdot f(x)dx + \int_{1}^{+\infty} x \cdot f(x)dx = \int_{-\infty}^{-1} x \cdot 0 dx + \int_{-1}^{1} x \cdot k(1-x^2)dx + \int_{1}^{+\infty} x \cdot 0 dx = k\int_{-1}^{1}(x - x^3)dx = k[\frac{1}{2}x^2 - \frac{1}{4}x^4]_{-1}^{1} = k\{(\frac{1}{2} - \frac{1}{4}) - (\frac{1}{2} - \frac{1}{4})\} = 0$.

$E[X^2] = \int_{-\infty}^{+\infty} x^2 \cdot f(x)dx = \int_{-1}^{1} x^2 \cdot k(1-x^2)dx = k\int_{-1}^{1}(x^2 - x^4)dx = k[\frac{1}{3}x^3 - \frac{1}{5}x^5]_{-1}^{1} = k\{(\frac{1}{3} - \frac{1}{5}) - (\frac{1}{3} + \frac{1}{5})\} = \frac{4}{15}k = \frac{4}{15} \cdot \frac{3}{4} = \frac{1}{5}$ より, (例 3.4 において $k = \frac{3}{4}$ であった！) $V(X) = E[X^2] - \{E[X]\}^2 = \frac{1}{5} - 0^2 = \frac{1}{5}$ であり, よって, $\sigma(X) = \sqrt{V(X)} = \frac{1}{\sqrt{5}} = \frac{\sqrt{5}}{5}$ である.

練習問題 3.2.

練習問題 3.1 における連続型確率変数の期待値および分散と標準偏差を求めなさい.

連続型確率変数の変換についても, 離散型と同様, 次が成り立つ.

定理 3.3 (確率変数の変換).
X を確率密度関数が $f(x)$ である連続型確率変数とし，a, b を定数とするとき，

- $E[aX + b] = aE[X] + b$
- $V(aX + b) = a^2 V(X)$ が成り立つ．
- とくに，X の標準化 $Z = \frac{X-\mu}{\sigma}$ については，$E[Z] = 0, V(Z) = 1$ である．

証明

$$\begin{aligned}
E[aX + b] &= \int_{-\infty}^{+\infty} (ax + b) \cdot f(x) dx \\
&= a \int_{-\infty}^{+\infty} x \cdot f(x) dx + b \int_{-\infty}^{+\infty} f(x) dx \\
&= aE[X] + b \cdot 1 = aE[X] + b \\
V(aX + b) &= E[(aX + b)^2] - \{E[aX + b]\}^2 \\
&= E[a^2 X^2 + 2abX + b^2] - \{aE[X] + b\}^2 \\
&= a^2 E[X^2] + 2abE[X] + b^2 - a^2 \{E[X]\}^2 - 2abE[X] - b^2 \\
&= a^2 [E[X^2] - \{E[X]\}^2] \\
&= a^2 V(X).
\end{aligned}$$

とくに，標準化の場合の等式は，離散型の場合と全く同様に示すことができる．
□

さて，ここまでは一般的な連続型確率変数の話をしてきたが，以下では，現実に実際応用できるいくつかの具体的な連続型確率変数について述べる．

3.3　一様分布

一様分布と呼ばれる連続型確率分布について

■ 30 cm のひもを 2 つに切ったとき片方が 5 cm 以下になる確率は？　一様分布

先の例 3.1（ルーレット）における確率密度関数は

$$f(x) = \begin{cases} \frac{1}{2\pi}, & 0 \leq x < 2\pi \\ 0, & x < 0 \ or \ x \geq 2\pi \end{cases}$$

であり，そのグラフは図 3.6 のようになっていた．このような確率分布について次の用語がある．

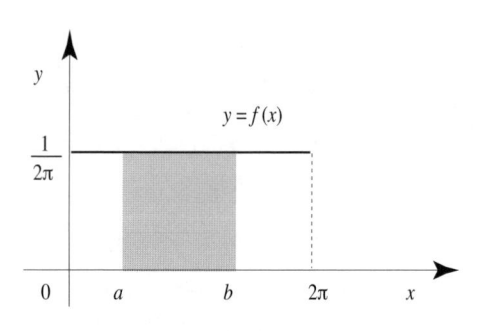

図 3.6　一様分布のグラフ例

3.3 一様分布

定義 3.3 (一様分布).
確率密度関数が
$$f(x) = \begin{cases} \frac{1}{\beta-\alpha}, & \alpha \leq x \leq \beta \\ 0, & x < \alpha \text{ or } x > \beta \end{cases}, \quad \alpha < \beta$$
である連続型確率変数 X の確率分布を**一様分布**という．そして，X は一様分布に従うという．

一様分布に従う現実的な具体例として，等間隔の時間で運行しているバスの待ち時間などがある．

一様分布の確率，期待値および分散などについては，次の定理が成り立つ．

定理 3.4 (一様分布の確率など).
X を一様分布に従う確率変数とし，確率密度関数は上の定義のものとするとき，次が成り立つ．

- X が事象 $(a \leq X \leq b), \alpha \leq a < b \leq \beta$ をとる確率は
  $P(a \leq X \leq b) = \frac{b-a}{\beta-\alpha}$
- 期待値は $E[X] = \frac{\beta+\alpha}{2}$
- 分散は $V(X) = \frac{(\beta-\alpha)^2}{12}$
- 標準偏差は $\sigma(X) = \frac{\beta-\alpha}{2\sqrt{3}}$

証明

- $P(a \leq X \leq b) = \int_a^b f(x)dx = \int_a^b \frac{1}{\beta-\alpha}dx = \frac{1}{\beta-\alpha}[x]_a^b = \frac{b-a}{\beta-\alpha}$,

- $E[X] = \int_{-\infty}^{+\infty} x \cdot f(x)dx = \int_{\alpha}^{\beta} x \cdot \frac{1}{\beta-\alpha}dx = \frac{1}{\beta-\alpha}[\frac{1}{2}x^2]_{\alpha}^{\beta} = \frac{1}{\beta-\alpha}\frac{1}{2}(\beta^2 - \alpha^2) = \frac{(\beta+\alpha)(\beta-\alpha)}{2(\beta-\alpha)} = \frac{\beta+\alpha}{2}$,
- $E[X^2] = \int_{-\infty}^{+\infty} x^2 \cdot f(x)dx = \int_{\alpha}^{\beta} x^2 \cdot \frac{1}{\beta-\alpha}dx = \frac{1}{\beta-\alpha}[\frac{1}{3}x^3]_{\alpha}^{\beta} = \frac{1}{\beta-\alpha}\frac{1}{3}(\beta^3 - \alpha^3) = \frac{\beta^2+\beta\alpha+\alpha^2}{3}$ より, $V(X) = E[X^2] - \{E[X]\}^2 = \frac{\beta^2+\beta\alpha+\alpha^2}{3} - (\frac{\beta+\alpha}{2})^2 = \frac{4(\beta^2+\beta\alpha+\alpha^2)-3(\beta^2+2\beta\alpha+\alpha^2)}{12} = \frac{\beta^2-2\beta\alpha+\alpha^2}{12} = \frac{(\beta-\alpha)^2}{12}$ であり,
- $\sigma(X) = \sqrt{V(X)} = \sqrt{\frac{(\beta-\alpha)^2}{12}} = \frac{\beta-\alpha}{2\sqrt{3}}$ である.

□

例 3.6.

30 分間隔で特急が運行している駅に,ある人が時計をみないで適当に行ったとき,この人が特急に乗るための待ち時間が 20 分以上 25 分以下である確率を求めなさい.

また,この人が特急に乗るための待ち時間の期待値(待ち時間の平均)を求めなさい.

解答

待ち時間 X は確率密度関数

$$f(x) = \begin{cases} \frac{1}{30}, & 0 \leq x \leq 30 \\ 0, & x < 0 \ or \ x > 30 \end{cases}$$

の一様分布に従うと考えられる.よって,20 分以上 25 分以下の待ち時間になる確率は,$P(20 \leq X \leq 25) = \frac{25-20}{30} = \frac{5}{30} = \frac{1}{6}$ である.また,待ち時間の期待値は $E[X] = \frac{30+0}{2} = 15$ 分である.

練習問題 3.3.

先の例 3.1(ルーレット)で,小球の止まった位置が 90° から 120° の間である確率を求めなさい.また,小球の止まる位置の期待値を求めなさい.

3.4 正規分布の定義

> 正規分布と呼ばれる非常に重要な連続型確率分布について

■ 正規分布とは？　正規分布の期待値と分散は？　正規分布の定義

定義 3.4 (正規分布).

- 確率密度関数が $f(x) = \frac{1}{\sqrt{2\pi}\sigma} e^{-\frac{(x-\mu)^2}{2\sigma^2}}, \sigma > 0$ である連続型確率変数 X の確率分布を**正規分布**といい，$N(\mu, \sigma^2)$ で表す．そして，X は正規分布 $N(\mu, \sigma^2)$ に従うという．
- とくに，$\mu = 0, \sigma = 1$ の場合の正規分布 $N(0,1)$ を**標準正規分布**（または，規準正規分布）という．

正規分布の確率密度関数のグラフは図 3.7 のようになる．これは，先の例 3.3 における身長の相対度数のヒストグラムを近似したグラフと同じ形である．つまり，データの総度数が大きいとき，身長の相対度数分布は正規分布で近似できることを意味している．

この身長の例の他にも，**数多くの現実的な現象がこの正規分布に従うことが知られている**．また，離散型確率分布の二項分布は，正規分布で近似できることも知られている（後述）．

$N(\mu, \sigma^2)$ の N は，正規分布の英訳 normal distribution の頭文字 N をとったものである．

さて，正規分布の平均と分散については，次が成り立つ．

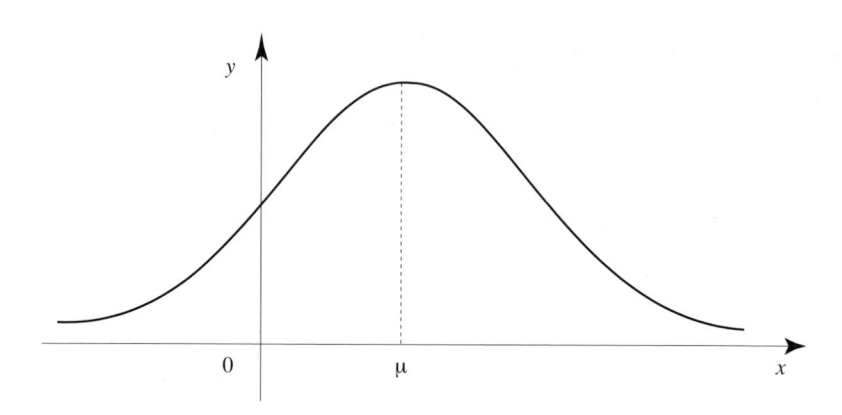

図 3.7　正規分布のグラフ例

定理 3.5 (正規分布の期待値, 分散).
連続型確率変数 が正規分布 $N(\mu, \sigma^2)$ に従うとき, 次が成り立つ.

- $E[X] = \mu$
- $V(X) = \sigma^2$
- $\sigma(X) = \sigma$

証明

2 重積分の知識を用いると,

$$\int_{-\infty}^{+\infty} e^{-t^2} dt = \sqrt{\pi}, \quad \int_{-\infty}^{+\infty} t \cdot e^{-t^2} dt = 0, \quad \int_{-\infty}^{+\infty} t^2 \cdot e^{-t^2} dt = \frac{\sqrt{\pi}}{2} \quad (*)$$

が成り立つ. そこで以下の積分で,

$$t = \frac{x - \mu}{\sqrt{2}\sigma}, (x = \sqrt{2}\sigma t + \mu), dx = \sqrt{2}\sigma dt,$$

x	$-\infty$	$\to$	∞
t	$-\infty$	$\to$	∞

の置換積分をすると，(∗) を用いて次が示せる．

$$
\begin{aligned}
E[X] &= \int_{-\infty}^{+\infty} x \cdot f(x)\,dx \\
&= \int_{-\infty}^{+\infty} x \cdot \frac{1}{\sqrt{2\pi}\sigma} e^{-\frac{(x-\mu)^2}{2\sigma^2}}\,dx \\
&= \int_{-\infty}^{+\infty} (\sqrt{2}\sigma t + \mu) \cdot \frac{1}{\sqrt{2\pi}\sigma} e^{-t^2} \sqrt{2}\sigma\,dt \\
&= \frac{\sqrt{2}\sigma}{\sqrt{\pi}} \int_{-\infty}^{+\infty} t \cdot e^{-t^2}\,dt + \frac{1}{\sqrt{\pi}}\mu \int_{-\infty}^{+\infty} t \cdot e^{-t^2}\,dt \\
&= \frac{\sqrt{2}\sigma}{\sqrt{\pi}} \cdot 0 + \frac{1}{\sqrt{\pi}}\mu \cdot \sqrt{\pi} = \mu.
\end{aligned}
$$

$$
\begin{aligned}
E[X^2] &= \int_{-\infty}^{+\infty} x^2 \cdot f(x)\,dx \\
&= \int_{-\infty}^{+\infty} x^2 \cdot \frac{1}{\sqrt{2\pi}\sigma} e^{-\frac{(x-\mu)^2}{2\sigma^2}}\,dx \\
&= \int_{-\infty}^{+\infty} (\sqrt{2}\sigma t + \mu)^2 \cdot \frac{1}{\sqrt{2\pi}\sigma} e^{-t^2} \sqrt{2}\sigma\,dt \\
&= \int_{-\infty}^{+\infty} (2\sigma^2 t^2 + 2\sqrt{2}\sigma\mu t + \mu^2) \cdot \frac{1}{\sqrt{\pi}} e^{-t^2} \sqrt{2}\sigma\,dt \\
&= \frac{2\sigma}{\sqrt{\pi}} \int_{-\infty}^{+\infty} t^2 \cdot e^{-t^2}\,dt + \frac{2\sqrt{2}\sigma\mu}{\sqrt{\pi}} \int_{-\infty}^{+\infty} t \cdot e^{-t^2}\,dt + \frac{\mu^2}{\sqrt{\pi}} \int_{-\infty}^{+\infty} e^{-t^2}\,dt \\
&= \frac{2\sigma^2}{\sqrt{\pi}} \cdot \frac{\sqrt{\pi}}{2} + \frac{2\sqrt{2}\sigma\mu}{\sqrt{\pi}} \cdot 0 + \frac{\mu^2}{\sqrt{\pi}} \cdot \sqrt{\pi} \\
&= \sigma^2 + \mu^2
\end{aligned}
$$

だから，$V(X) = E[X^2] - \{E[X]\}^2 = (\sigma^2 + \mu^2) - \mu^2 = \sigma^2$ であり，$\sigma(X) = \sqrt{V(X)} = \sqrt{\sigma^2} = \sigma$ である． □

そもそも全確率は 1 だから，正規分布のときは $\int_{-\infty}^{+\infty} f(x)dx = \int_{-\infty}^{+\infty} \frac{1}{\sqrt{2\pi}\sigma} e^{-\frac{(x-\mu)^2}{2\sigma^2}} dx = 1$ でなければならないが，これが成り立つことも，(*) の第1式から示すことができる．

3.5 正規分布の確率

正規分布の確率の計算法について

■ 正規分布の確率の計算の仕方は？

標準正規分布表

連続型確率変数の確率は $P(a \leq X \leq b) = \int_a^b f(x)dx$ で与えられたから，確率変数 X が正規分布 $N(\mu, \sigma^2)$ に従うときは，$P(a \leq X \leq b) = \int_a^b \frac{1}{\sqrt{2\pi}\sigma} e^{-\frac{(x-\mu)^2}{2\sigma^2}} dx$ である．

しかし，右辺の積分は不定積分が計算できないことが知られており，したがって，その積分の値は正確に計算できないのである．そこで，正規分布の確率の計算では以下のような手順が用いられる．

標準正規分布への変換

まず，通常の正規分布と標準正規分布の関係について，次の定理が成り立つ．

定理 3.6 (正規分布と標準正規分布の関係).
標準正規分布は正規分布の標準化である．すなわち，X が正規分布 $N(\mu, \sigma^2)$ に従うとき，$Z = \frac{X-\mu}{\sigma}$ は標準正規分布 $N(0,1)$ に従う．

証明

X が正規分布 $N(\mu, \sigma^2)$ に従うとき，その確率密度関数は $f(x) = \frac{1}{\sqrt{2\pi}\sigma} e^{-\frac{(x-\mu)^2}{2\sigma^2}} dx$

であった．標準正規分布 $N(0,1)$ は，$N(\mu, \sigma^2)$ で $\mu=0, \sigma=1$ の場合であるから，その確率密度関数は $\phi(z) = \frac{1}{\sqrt{2\pi}} e^{-\frac{z^2}{2}} dx$ である．（都合により，変数を z で表す）．

そして，$Z = \frac{X-\mu}{\sigma}$ のとき，$\alpha = \frac{a-\mu}{\sigma}, \beta = \frac{b-\mu}{\sigma}$ とおくと，$P(a \leq X \leq b) = P(\frac{a-\mu}{\sigma} \leq \frac{X-\mu}{\sigma} \leq \frac{b-\mu}{\sigma}) = P(\alpha \leq X \leq \beta)$ であるから，定理を示すためには，$P(a \leq X \leq b) = \int_\alpha^\beta \phi(z) dz \cdots (*)$ をいえばよい．そこで，実際計算してみる．$P(a \leq X \leq b) = \int_a^b f(x) dx = \int_a^b \frac{1}{\sqrt{2\pi}} e^{-\frac{z^2}{2}} dx \cdots (**)$ であるが，$z = \frac{x-\mu}{\sigma}, (x = \sigma z + \mu), dx = \sigma dz, \begin{array}{c|ccc} x & a & \to & b \\ \hline z & \alpha & \to & \beta \end{array}$ の置換積分をすると，$(**) = \int_\alpha^\beta \frac{1}{\sqrt{2\pi}\sigma} e^{-\frac{z^2}{2}} \sigma dz = \int_\alpha^\beta \frac{1}{\sqrt{2\pi}} e^{-\frac{z^2}{2}} dz = \int_\alpha^\beta \phi(z) dz$ となり，$(*)$ が成り立つ． □

標準正規分布の確率 の場合 （標準正規分布表）

上の定理により，正規分布の確率 $P(a \leq X \leq b)$ を求めるには，標準正規分布の確率 $P(\alpha \leq Z \leq \beta) = \int_\alpha^\beta \phi(z) dz$ を求めればよいことがわかる．

ところが，標準正規分布においても，$\phi(z)$ の不定積分が計算できないことが知られており，したがって，$P(\alpha \leq Z \leq \beta) = \int_\alpha^\beta \phi(z) dz$ は正確には計算できない．そこでどうするかというと，実は，$\phi(z)$ の定積分の近似値を計算した表がある．これが，**標準正規分布表**である．

これは，定積分 $\phi(z) = \int_0^z \phi(z) dz$ の近似値の表である（図 3.8）．表の見方は，表の左側の数値が z の少数第 1 位までの値であり，上段の数値が z の少数第 2 位の値であり，表の中身がそのときの $\phi(z)$ の値である．

たとえば $z = 1.23$ のとき $\phi(z) = 0.3907$ であるが，これは $\int_0^{1.23} \phi(z) dz = 0.3907$ を意味する．

つまり，標準正規分布 $N(0,1)$ に従う確率変数 z が 0 から 1.23 の間の値をとる確率 $P(0 \leq Z \leq 1.23)$ が，$P(0 \leq Z \leq 1.23) = \int_0^{1.23} \phi(z) dz = 0.3907$ であることを意味する．

この表により，$N(0,1)$ に従う確率変数 Z が 0 から z の間の値をとる確率を求めることができる．

z	.00	.01	.02	.03	⋯
0.0	.0000	.0040	.0080	.0120	⋯
0.1	.0398	.0438	.0478	.0517	⋯
0.2	.0793	.0832	.0871	.0910	⋯
⋮	⋮	⋮	⋮	⋮	⋮
		$\Phi(z)$ の値			
1.2	.3849	.3869	.3888	.3907	⋯
⋮	⋮	⋮	⋮	⋮	

（右側）z の小数第 2 位
（下側）z の小数第 1 位まで

図 3.8 標準正規分布表の見方

練習問題 3.4.

Z が $N(0,1)$ に従うとき，次の確率を標準正規分布表を用いて求めなさい．

(1) $P(0 \leq Z \leq 0.32)$

(2) $P(0 \leq Z \leq 2)$

標準正規分布の確率 $P(\alpha \leq Z \leq \beta)$ の場合（標準正規分布表への帰着）

さて，標準正規分布表により，0 から z の間の値をとる確率 $P(0 \leq Z \leq z)$ は求めることができるが，では，一般の確率 $P(\alpha \leq Z \leq \beta)$ や $P(Z \geq c)$ を求めるにはどのようにすればよいのであろうか．

実は，確率密度関数 $\phi(z)$ のグラフは図 3.9 左のようになる．そして，定積分の値はグラフで囲まれた面積に等しいから，確率 $P(\alpha \leq Z \leq \beta) = \int_{\alpha}^{\beta} \phi(z) dz$ の値は，$\alpha \leq Z \leq \beta$ の範囲で $\phi(z)$ のグラフで囲まれた面積と等しく，とくに，確率 $P(0 \leq Z \leq \beta) = \Phi(\beta) = \int_{0}^{\beta} \phi(z) dz$ の値，すなわち正規分布表の値

は図 3.9 右の面積である．

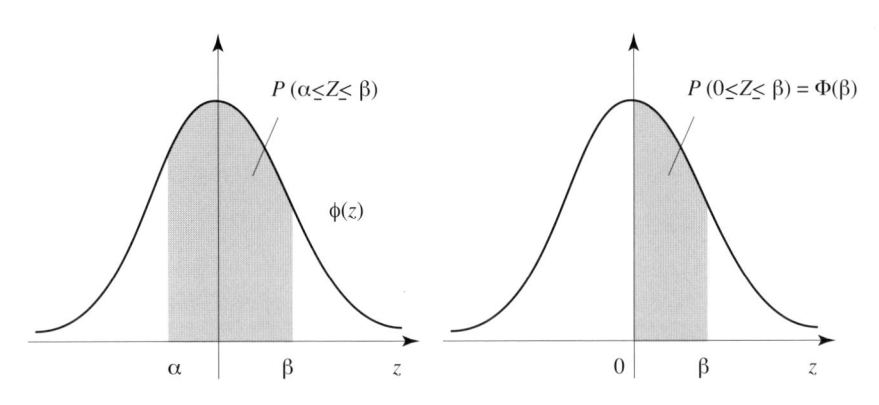

図 3.9 $P(\alpha \leq Z \leq \beta)$ の面積

また，$\phi(-z) = \frac{1}{\sqrt{2\pi}}e^{-\frac{(-z)^2}{2}} = \frac{1}{\sqrt{2\pi}}e^{-\frac{z^2}{2}}$ より，このグラフは 軸に関して対称である．よって，確率 $P(-c \leq Z \leq 0)$ の値と確率 $P(0 \leq Z \leq c)$ の値は等しい．とくに全確率が 1 であること，すなわちグラフで囲まれる全体の面積は 1 であることに注意すると，確率 $P(0 \leq Z \leq +\infty)$ の値は 0.5 であることがいえる（図 3.10）．

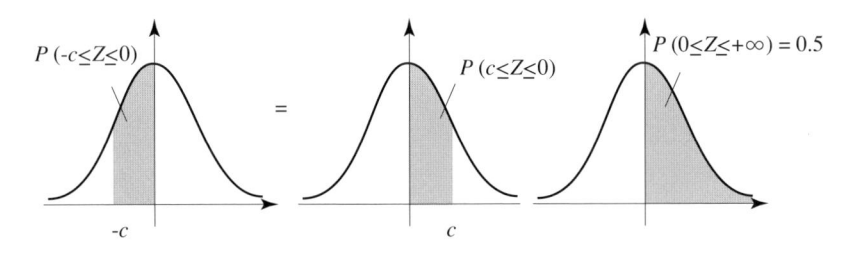

図 3.10 $P(0 \leq Z \leq +\infty)$ の面積

以上のことから，次の例題のようにして一般の確率 $P(\alpha \leq Z \leq \beta)$ や $P(Z \geq c)$ を求めることができる．

例 3.7.
確率変数 Z が標準正規分布 $N(0,1)$ に従うとき，次の確率を求めなさい．

(1) $P(1 \leq Z \leq 3)$

(2) $P(Z \leq -3)$

(3) $P(-1 \leq Z \leq 0.5)$

解答

(1) $P(1 \leq Z \leq 3) = P(0 \leq Z \leq 3) - P(0 \leq Z < 1) = 0.4987 - 0.3413 = 0.1574$（図 3.11 参照）．

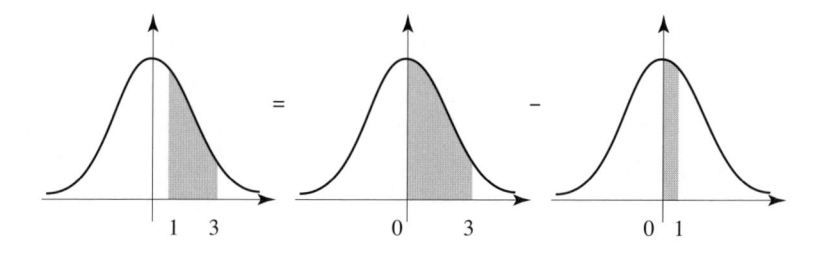

図 3.11 $P(1 \leq Z \leq 3)$ の面積

(2) $P(Z \leq -3) = P(Z \geq 3) = -P(0 \leq Z < +\infty) - P(0 \leq Z < 3) = 0.5 - 0.4984 = 0.0013$（図 3.12 参照）．

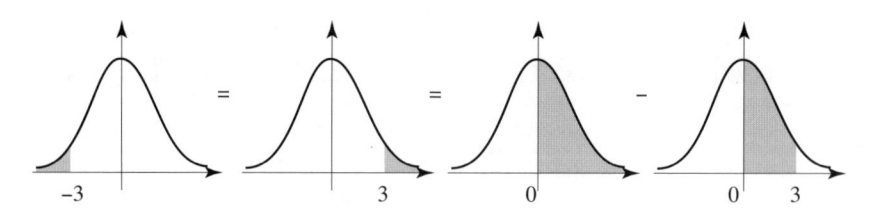

図 3.12 $P(Z \leq -3)$ の面積

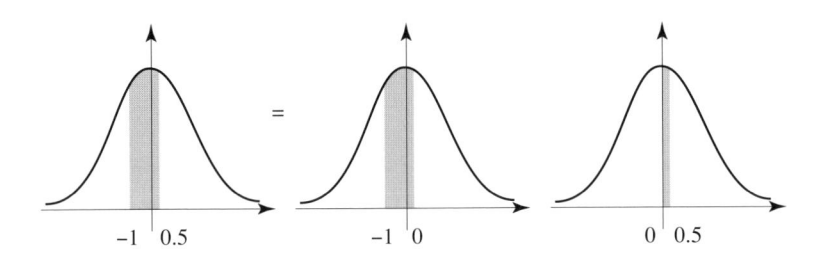

図 3.13 $P(-1 \leq Z \leq 0.5)$ の面積

(3) $P(-1 \leq Z \leq 0.5) = P(-1 \leq Z \leq 0) + P(0 \leq Z \leq 0.5) = P(0 \leq Z < 1) + 0.1915 = 0.3413 + 0.1915 = 0.5328$ （図 3.13 参照）．

練習問題 3.5.
確率変数 Z が標準正規分布 $N(0,1)$ に従うとき，次の確率を求めなさい．

(1) $P(0.5 \leq Z \leq 1.3)$
(2) $P(Z \geq 2.2)$
(3) $P(-1.5 \leq Z \leq 2)$
(4) $P(|Z| \leq 1)$

■ X が $N(4, 3^2)$ に従うとき，$P(1 \leq X \leq 7) = ?, P(X > 8.5) = ?$ **（正規分布の確率）**

以上の考察により，X が正規分布 $N(\mu, \sigma^2)$ に従うとき，確率 $P(a \leq X \leq b)$ を求めるには，以下の例のように，X の標準化 $Z = \frac{X-\mu}{\sigma}$ が標準正規分布 $N(0,1)$ に従うことを利用すればよい．

例 3.8.
次の確率を求めなさい．

(1) X が正規分布 $N(4,9)$ に従うとき，$P(1 \leq X \leq 7), P(X > 8.5)$

(2) X が正規分布 $N(3,16)$ に従うとき，$P(|X| \leq 1), P(|X-1| \geq 2)$

解答

(1) X が正規分布 $N(4,9)$ に従うとき，$Z = \frac{X-4}{3}$ は標準正規分布 $N(0,1)$ に従うから，$P(1 \leq X \leq 7) = P(\frac{1-4}{3} \leq \frac{X-4}{3} \leq \frac{7-4}{3}) = P(-1 \leq Z \leq 1) = P(-1 \leq Z \leq 0) + P(0 \leq Z \leq 1) = P(0 \leq Z \leq 1) + P(0 \leq Z \leq 1) = 0.3413 + 0.3413 = 0.6826$, $P(X > 8.5) = P(\frac{X-4}{3} > \frac{8.5-4}{3}) = P(Z > 1.5) = P(0 \leq Z < +\infty) - P(0 \leq Z \leq 1.5) = 0.5 - 0.4332 = 0.0668$.

(2) X が正規分布 $N(3,16)$ に従うとき，$Z = \frac{X-3}{4}$ は標準正規分布 $N(0,1)$ に従うから，$P(|X| \leq 1) = P(-1 \leq X \leq 1) = P(\frac{-1-3}{4} \leq \frac{X-3}{4} \leq \frac{1-3}{4}) = P(-1 \leq Z \leq -0.5) = 0.1499$ (例 3.7 の (3) 参照)，$P(|X-1| \geq 2) = 1 - P(|X-1| < 2) = 1 - P(-2 < X-1 < 2) = 1 - P(-4 < X-3 < 0) = 1 - P(\frac{-4}{4} < \frac{X-3}{4} < \frac{0}{4}) = 1 - P(0 < Z < 1) = 1 - 0.3413 = 0.6857$.

練習問題 3.6.

次の確率を求めなさい．

(1) X が正規分布 $N(1,4)$ に従うとき，$P(0 \leq X \leq 5), P(X < -2)$
(2) X が正規分布 $N(50,100)$ に従うとき，$P(60 \leq X \leq 85), P(|X-40| \leq 5)$

例 3.9.

X が正規分布 $N(0, \sigma^2)$ に従い，$P(0 \leq X \leq 3) = 0.4332$ であるとき，σ の値を求めなさい．

解答

X が正規分布 $N(0, \sigma^2)$ に従うとき，$Z = \frac{X-0}{\sigma} = \frac{X}{\sigma}$ は標準正規分布 $N(0,1)$ に従い，$P(0 \leq X \leq 3) = P(\frac{0}{\sigma} \leq \frac{X}{\sigma} \leq \frac{3}{\sigma}) = P(0 \leq Z \leq \frac{3}{\sigma})$ であるから，$P(0 \leq Z \leq \frac{3}{\sigma}) = 0.4332$ が成り立つ．

標準正規分布表より，$P(0 \leq Z \leq z) = 0.4332$ が成り立つ z は $z = 1.5$ であるから，結局，$\frac{3}{\sigma} = 1.5$ が成り立つ．これより $\sigma = \frac{3}{1.5} = 2$ を得る．

練習問題 3.7.

次の各問いに答えなさい．

(1) Z が $N(0,1)$ に従うとき，$P(-c \leq Z \leq c) = 0.34$ を満たす正の数 c を求めなさい．

(2) X が $N(\mu, 3^2)$ に従うとき，$P(\mu \leq X \leq 3\mu) = 0.4641$ を満たす μ を求めなさい．

3.6 正規分布の応用

現実的な諸現象を正規分布を用いて解析してみよう

■ **400 人の成績が $N(72, 81)$ に従うとき，60 点以上は何人？（正規分布の応用）**

前述したが，正規分布 $N(\mu, \sigma^2)$ に従う X の期待値は μ，標準偏差は σ であることを注意しておく．

例 3.10.

ある学校の男子 300 人の身長は，期待値（平均）170 cm，標準偏差 5 cm の正規分布にほぼ従うものとする．次の各問いに答えなさい．

(1) ある人の身長が 165 cm から 175 cm までの間にある確率を求めなさい．

(2) 身長が 160 cm 以下の人は約何人いるか求めなさい．

(3) 身長の高い方から 60 人のうちに入るには，約何 cm 以上あればよいか．

解答

身長を X とすると，X は $\mu = 170, \sigma = 5$ の正規分布 $N(170, 25)$ に従う．したがって，$Z = \frac{X - 170}{5}$ は標準正規分布 $N(0, 1)$ に従う．

(1) $P(165 \leq X \leq 175)$ を求めればよい. $P(165 \leq X \leq 175) = P(\frac{165-170}{5} \leq \frac{X-170}{5} \leq \frac{175-170}{5}) = P(-1 \leq Z \leq 1) = 0.6826$.

(2) 160 cm 以下の人が x 人いたとすると，ある人の身長が 160 cm 以下である確率は $\frac{x}{300}$ である．すなわち $P(X \leq 160) = \frac{x}{300}$ である.

一方，$P(X \leq 160) = P(\frac{X-170}{5} \leq \frac{160-170}{5}) = P(Z \leq 2) = 0.5 - P(0 \leq Z \leq 2) = 0.5 - 0.4772 = 0.0228$ であるから，$\frac{x}{300} = 0.0228$ である．これより，$x = 300 \times 0.0228 = 6.84$ を得る．つまり，身長が 160 cm 以下の人は約 7 人いる.

(3) 身長の高い方から 60 人のうちに入る確率は $\frac{60}{300} = 0.2$ である．身長が x 以上あれば高い方から 60 人のうちに入るとすると，$P(X \geq x) = 0.2$ が成り立つ.

ここで，$P(X \geq x) = P(\frac{X-170}{5} \geq \frac{x-170}{5}) = P(Z \geq \frac{x-170}{5}) = 0.5 - P(0 \leq Z < \frac{x-170}{5})$ であるから，$0.5 - P(0 \leq Z < \frac{x-170}{5}) = 0.2$, すなわち $P(0 \leq Z < \frac{x-170}{5}) = 0.3$ が成り立つ.

標準正規分布表より，$P(0 \leq Z < z) = 0.3$ を満たす z は約 $z = 0.84$ であるから，結局，$\frac{x-170}{5} = 0.84$ が成り立つ．これより $x = 170 + 0.84 \times 5 = 174.2$ を得る．つまり，174.2 cm 以上あれば高い方から 60 人のうちに入る.

練習問題 3.8.

次の各問いに答えなさい.

(1) ある学校 1000 人の学生の身長 X は $N(167, 36)$ に従っているという．175 cm 以上の学生は何人いると考えられるか.

(2) 400 人の学生の成績が，期待値（平均）72 点，標準偏差 9 点の正規分布に従うものとする.

　(a) 成績が 60 点以上の学生は約何人いるか.

　(b) 上位 50 番以内に入るには何点以上あればよいか.

3.6 正規分布の応用

■ **二項分布の確率を正規分布で求めるには？（二項分布と正規分布の関係）**

二項分布 $B(n,p)$ はポアソン分布で近似できた．（ただし，n が大きく，p が小さいとき，n に比べて小さい k に対してであった）．

しかし一方では，**二項分布は n が大きいとき，正規分布で近似できる**ことも知られている．

もう少し詳しくいうと，二項分布 $B(n,p)$ は正規分布 $N(np, npq)$ で近似できるのである．（これは，二項分布 $B(n,p)$ の期待値と分散は np と $npq, q=1-p$ であり，正規分布 $N(\mu, \sigma^2)$ の期待値と分散は μ と σ^2 であることと符合する）．

つまり，n が大きいとき，X が二項分布 $B(n,p)$ に従っているならば，X は正規分布 $N(np, npq)$ に従っていると考えてよいのである．このことを，事象 $(a \leq X \leq b)$ がおこる確率で表現すると，X が $B(n,p)$ に従っているとみたときの確率を $P^B(a \leq X \leq b) = \sum_{a \leq k \leq b} {}_nC_k p^k q^{n-k}$ とし，X が $N(np, npq)$ に従っているとみたときの確率を $P^N(a \leq X \leq b) = \int_a^b \frac{1}{\sqrt{2\pi}\sqrt{npq}} e^{-\frac{(x-np)^2}{2npq}}$ とした場合，$P^B(a \leq X \leq b) \doteqdot P^N(a \leq X \leq b)$ という近似が成り立つということである．

ただし，確率の近似の精度をあげるためには，両側の値を補正して，$P^B(a \leq X \leq b) \doteqdot P^N(a - 0.5 \leq X \leq b + 0.5)$ とした方がよりよい近似であることも知られている．

以上をまとめると，次のようになる．（証明は割愛する）．

定理 3.7 (二項分布の正規分布による近似).

n が大きいとき，二項分布 $B(n,p)$ は正規分布 $N(np, npq), q = 1-p$ で近似できる．

すなわち，X が $B(n,p)$ に従うならば，X は $N(np, npq)$ に従うとみなしてよい．

ただし，確率については $P^B(a \leq X \leq b) \doteqdot P^N(a - 0.5 \leq X \leq b + 0.5)$ である．

> 二項分布では，(ポアソン分布で近似したとしても)，n が大きくて a と b の幅が大きいときはその確率 $P^B(a \leq X \leq b) = \sum_{a \leq k \leq b} {}_nC_k p^k q^{n-k}$ を計算するのは大変である．(実際やってみるとよい)．
>
> ところが，この確率を正規分布の確率 $P^N(a - 0.5 \leq X \leq b + 0.5)$ で近似すれば，これは正規分布表から簡単に計算できるのである！

例 3.11.

1個のさいころを600回投げたとき，2以下の目がでる回数が180回以上210回以下である確率を求めなさい．

解答

600回のうち2以下の目がでる回数を X とすると，X は $n = 600$, $p = \frac{2}{6} = \frac{1}{3}$ の二項分布 $B(600, \frac{1}{3})$ に従うから，$P^B(180 \leq X \leq 210)$ を求めればよい．

ところが，$n = 600$ が大きいので，X は，$\mu = np = 600 \times \frac{1}{3} = 200, \sigma^2 = npq = np(1-p) = 600 \times \frac{1}{3} \times (1 - \frac{1}{3}) = \frac{400}{3}, \sigma = \sqrt{\frac{400}{3}} = \frac{20}{\sqrt{3}} = 11.55$ の正規分布 $N(200, (11.55)^2)$ に従うとみなしてよい．

さらに，確率は $P^B(180 \leq X \leq 210) \doteqdot P^N(180 - 0.5 \leq X \leq 210 + 0.5)$ で近似できる．そして，X は $N(200, (11.55)^2)$ に従うとみなせるので，$Z = \frac{X - 200}{11.55}$ は $N(0, 1)$ に従うとしてよい．

したがって，求める確率は，$P^B(180 \leq X \leq 210) \doteqdot P^N(180 - 0.5 \leq X \leq 210 + 0.5) = P^N(\frac{179.5 - 200}{11.55} \leq \frac{X - 200}{11.55} \leq \frac{210.5 - 200}{11.55}) = P^N(-1.77 \leq Z \leq 0.91) = P(0 \leq Z \leq 1.77) + P(0 \leq Z \leq 0.91) = 0.4616 + 0.3186 = 0.7802$ となる．

練習問題 3.9.

次の各問いに答えなさい．

(1) 硬貨を200回投げるとき，表の出る回数が96回以上105回以下である確率を求めなさい．

(2) 1個のさいころを 300 回投げたとき，1 の目が出る回数が 48 回以上 53 回以下である確率を求めなさい．

(3) 1枚の硬貨を 100 回投げるとき，表の出る回数が何回以上であれば，その確率は $\frac{1}{100}$ より小さくなるか．

3.7 その他の連続型確率変数

一様分布，正規分布以外の連続型確率分布について

■ ガンマ関数 $\Gamma(s)$

まず，準備としてガンマ関数を定義する．

定積分 $\int_0^{+\infty} x^{s-1}e^{-x}dx, s>0$ で定義される関数を**ガンマ関数**といい，$\Gamma(s)$ で表す．すなわち，

$$\Gamma(s) = \int_0^{+\infty} x^{s-1}e^{-x}dx, s > 0$$

とする．

s が自然数のとき，$\Gamma(s) = (s-1)!$ であることが知られている．つまり，ガンマ関数は階乗の記号 $n!$ を自然数以外の実数に拡張したものである．

■ **カイ 2 乗分布** $\chi_n^2(\alpha)$ **あるいは** $\chi^2(n)$

定義 3.5 (カイ 2 乗分布).
確率密度関数が

$$f(x) = \begin{cases} \dfrac{1}{2^{\frac{n}{2}}\Gamma(n/2)} x^{\frac{n}{2}-1} e^{-\frac{1}{2}x}, & x \geq 0 \\ 0, & x < 0 \end{cases}$$

である連続型確率変数 X の確率分布を自由度 n の**カイ 2 乗分布**という.

上記のカイ 2 乗分布の確率密度関数のグラフは，図 3.14 上のようになる.

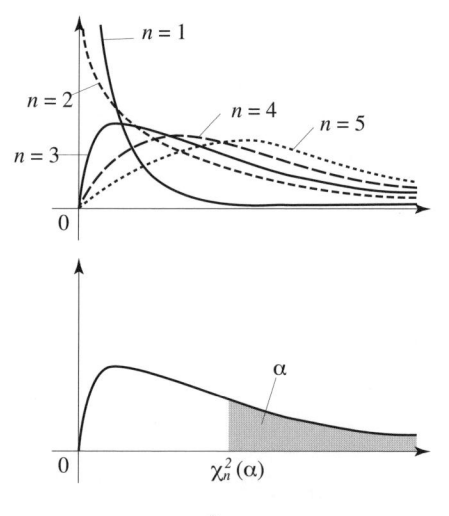

図 3.14 $\chi_n^2(\alpha)$ のグラフ

カイ 2 乗分布の確率については，正規分布と同様，確率密度関数の不定積分が計算できないので，確率の正確な値は計算できない．そこで，標準正規分

布表と同じように，カイ 2 乗分布表と呼ばれる確率の表（$\alpha > 0$ に対して $\alpha = P(X \geq k) = \int_k^{+\infty} f(x)dx$ となる k の値を $\chi_n^2(\alpha)$ としたときの $\alpha > 0$ と $\chi_n^2(\alpha)$ の表）が作られている（図 3.14 下）．この表によりカイ 2 乗分布の確率の近似値を求めることができる．

確率変数 $X_1^2, X_2^2, X_3^2, \cdots, X_n^2$ がすべて標準正規分布 $N(0,1)$ に従い，互いに独立（確率変数の独立については次で述べる）のとき，$X = X_1^2 + X_2^2 + X_3^2 + \cdots + X_n^2$ は自由度 n のカイ 2 乗分布に従うことが知られている．

■ t 分布 $t_n(\alpha)$ あるいは $t_\alpha(n)$

定義 3.6 (t 分布)．
確率密度関数が
$$f(x) = \frac{\Gamma(\frac{n+1}{2})}{\sqrt{n\pi} \cdot \Gamma(\frac{n}{2})} (1 + \frac{x^2}{n})^{-\frac{1}{2}(n+1)}$$
である連続型確率変数 X の確率分布を自由度 n の t 分布という．

上記の t 分布の確率密度関数のグラフは，図 3.15 上のようになる．

t 分布の確率についても，確率密度関数の不定積分が計算できず，確率の正確な値は計算できない．
そこで t 分布表と呼ばれる確率の表（$\alpha > 0$ に対して $\alpha = P(|X| \geq k) = \int_{-\infty}^{-k} f(x)dx + \int_k^{+\infty} f(x)dx$ となる k の値を $t_n(\alpha)$ としたときの $\alpha > 0$ と $t_n(\alpha)$ の表）が作られている．
この表により，t 分布の確率の近似値を求めることができる．

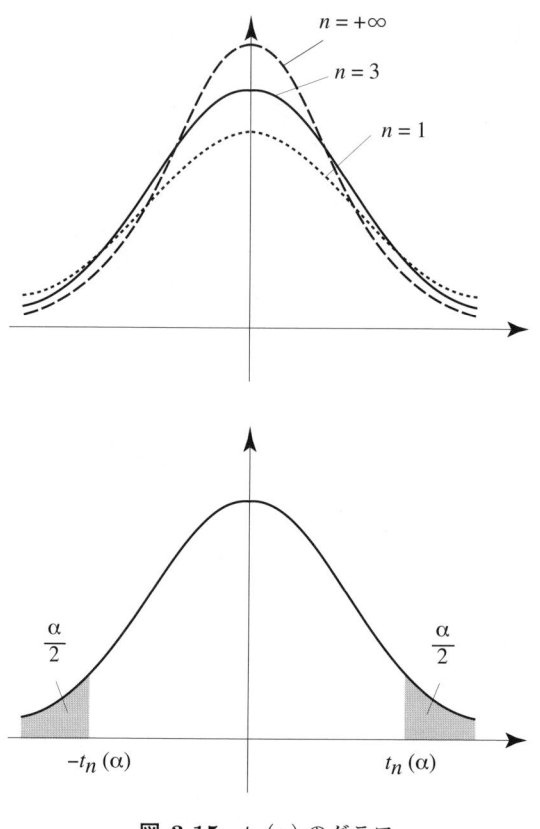

図 3.15 $t_n(\alpha)$ のグラフ

　$n = +\infty$ のとき，自由度 n の t 分布は標準正規分布 $N(0,1)$ と同じになることが知られている．

　確率変数 Z が標準正規分布 $N(0,1)$ に従い，確率変数 U が自由度 n のカイ2乗分布に従い，互いに独立のとき，$T = \dfrac{Z}{\sqrt{U/n}}$ が自由度 n の t 分布に従うことが知られている．

3.7 その他の連続型確率変数

■ **F 分布** $F(n_1, n_2)$

カイ 2 乗分布や t 分布以外にも，F 分布と呼ばれる連続型確率分布がある．

定義 3.7 (F 分布).
確率密度関数が

$$f(x) = cx^{\frac{1}{2}(n_1 - 2)}(n_2 + n_1 x)^{-\frac{1}{2}(n_1 + n_2)}$$

$$c = \frac{n_1^{\frac{n_1}{2}} n_2^{\frac{n_2}{2}} \Gamma(\frac{n_1 + n_2}{2})}{\Gamma(\frac{n_1}{2}) \Gamma(\frac{n_2}{2})}$$

である連続型確率変数 X の確率分布を自由度 n_1, n_2 の F 分布という．

F 分布の確率についても，F 分布表と呼ばれる確率の表（$\alpha > 0$ に対して $\alpha = P(X \geq k) = \int_k^{+\infty} f(x)dx$ となる k の値を $F_{n_1, n_2}(\alpha)$ としたときの $\alpha > 0$ と $F_{n_1, n_2}(\alpha)$ の表）が作られている．この表により，F 分布の確率の近似値を求めることができる．

確率変数 V が自由度 n_1 のカイ 2 乗分布に従い，確率変数 W が自由度 n_2 のカイ 2 乗分布に従い，互いに独立のとき，両者の比 $F = \frac{V/n_1}{W/n_2}$ は自由度 n_1, n_2 の F 分布に従うことが知られている．

第4章 資料の整理

4.1 資料の個別処理
4.2 度数分布表
4.3 度数分布の代表値
4.4 変量の変換

4.1 資料の個別処理

> 資料（データ）の集まりを表す数値としての平均や分散について

■ 平均値，中央値

まず，多くのデータを，その代表値で表すことを考えよう．
たとえば，あるクラスの身長のデータを整理するとき，その結果は，通常，平均値で代表して表すが，データの代表値は，その他にも下の定義にあるような数量がある．

> **定義 4.1 (平均値，中央値).**
> N 個のデータ $x_1, x_2, x_3, \cdots, x_N$ に対して，
> - $\dfrac{x_1 + x_2 + x_3 + \cdots + x_N}{N}$ を**平均値**といい，$\bar{x}$ で表す．すなわち，
> $$\bar{x} = \frac{1}{N}\sum_{i=1}^{N} x_i$$
> - データを大きさの順に並べたときに，中央の順位にくる値を**中央値**または**メジアン**という．（ただし，データが偶数個のときは，中央 2 つのデータの平均値とする）．

例 4.1.

次のデータの平均および中央値を求めなさい．

(1) 5 人の身長（cm）：$165.0, 172.3, 159.5, 182.5, 173.2$

(2) 6 人の年収（万円）：$800, 450, 600, 550, 8000, 700$

解答

(1) 平均値：$\bar{x} = \frac{1}{5}(165.0 + 172.3 + 159.5 + 182.5 + 173.2) = 170.5$ cm.
中央値：データを小さい順に並べると，$159.5, 165.0, 172.3, 173.2, 182.5$ だから，中央値は 172.3 cm.

(2) 平均値：$\bar{x} = \frac{1}{6}(800 + 450 + 600 + 550 + 8000 + 700) = 1850$ 万円.
中央値：データを小さい順に並べると，$450, 550, 600, 700, 800, 8000$ だから，中央値は $\frac{600+700}{2} = 650$ 万円.

(2) においては，平均は 1850 万円であるが，6 人中 1 人だけが特出して高額であり，残り 5 人はいずれも 800 万円以下である．したがって，このデータの代表値としては，平均よりも中央値で代表させた方が，現実性がある．中央値は，このようなデータの場合の代表値として有用である．

練習問題 4.1.
次のデータの平均および中央値を求めなさい．

(1) 10 人の試験の点数（点）：$54, 86, 73, 17, 62, 78, 100, 60, 68, 72$
(2) 乗り物 5 回を乗り継ぐ旅行での待ち時間（分）：$12, 3, 35, 5, 85$

■ **分散，標準偏差**

次に，データの**散らばり具合**を数値で表すことを考えよう．データを処理するとき，代表値で代表させることの他に，データの散らばり具合を調べることも重要である．たとえば，各データは，平均値の近くに集中して現れているのか，あるいは，平均値と無関係に散らばっているのかを調べることなどである．各データが，平均値からどれくらい散らばっているかを調べるには，素直に考えるならば，各データと平均との差 $|x_i - \bar{x}|$ の合計 $\sum_{i=1}^{N} |x_i - \bar{x}|$ を見ればよい．しかし，絶対値の計算は煩雑なので，通常，各データと平均との差の 2 乗の

合計が採用される．すなわち，各データの散らばり具合を表す数量として，次が定義される．

> **定義 4.2 (分散，標準偏差).**
> N 個のデータ $x_1, x_2, x_3, \cdots, x_N$ に対して，その平均を $\bar{x}$ とする．このとき，
>
> - $\dfrac{1}{N}\displaystyle\sum_{i=1}^{N}(x_i - \bar{x})^2$ を**分散**といい，σ^2 で表す．すなわち，
> $$\sigma^2 = \frac{1}{N}\sum_{i=1}^{N}(x_i - \bar{x})^2$$
>
> - 分散のルートを**標準偏差**といい，σ で表す．すなわち，$\sigma = \sqrt{\sigma^2}$

分散を表す記号 σ^2 は，標準偏差 σ の 2 乗という意味で σ^2 と書かれる．

定義の上に述べたように，分散（標準偏差）は，各データが平均に対してどれくらい散らばっているかを表す数量である．分散（標準偏差）が小さいほど，各データは平均値の近くに集中していることを示すことになる．

各データの散らばり具合を見るだけならば，分散でわかるから，標準偏差は不必要に思われるが，分散の定義が，差の 2 乗の平均（差の 2 乗を合計して個数で割ったもの）であるから，もとのデータと単位が異なる．そのため，ルートを取って同じ単位にした標準偏差が導入されるのである．

例 4.2.
例 4.1 におけるデータの分散と標準偏差を求めなさい．

解答

(1) $\sigma^2 = \frac{1}{5}\{(165.0-170.5)^2+(172.3-170.5)^2+(159.5-170.5)^2+(182.5-170.5)^2+(173.2-170.5)^2\} = 61.156$.

$\sigma = \sqrt{61.156} = 7.82$ cm.

(2) $\sigma^2 = \frac{1}{6}\{(800-1850)^2 + (450-1850)^2 + (600-1850)^2 + (550-1850)^2 + (8000-1850)^2 + (700-1850)^2\} = 7576667.$
$\sigma = \sqrt{7576667} = 2752.6$ 万円. □

練習問題 4.2.

練習問題 4.1 におけるデータの分散と標準偏差を求めなさい.

分散の計算においては，次の計算式が成り立つ.

定理 4.1 (分散の計算式).
N 個のデータ $x_1, x_2, x_3, \cdots, x_N$ に対して，その平均を $\bar{x}$ とする．このとき，$\sigma^2 = \left(\dfrac{1}{N}\displaystyle\sum_{i=1}^{N} x_i^2\right) - \bar{x}^2$ が成り立つ.

証明

平均の定義より，$\bar{x} = \frac{1}{N}\sum_{i=1}^{N} x_i$ であるから，$\sigma^2 = \frac{1}{N}\sum(x - x_i)^2 = \frac{1}{N}\sum(x_i^2 - 2\bar{x}x_i + \bar{x}^2) = \frac{1}{N}\sum x_i^2 - 2\bar{x}\cdot\frac{1}{N}\sum x_i + \bar{x}^2\cdot\frac{1}{N}\sum 1 = \frac{1}{N}\sum x_i^2 - 2\bar{x}\cdot\bar{x} + \bar{x}^2\cdot\frac{1}{N}N = \frac{1}{N}\sum x_i^2 - \bar{x}^2$.

つまり，分散は，もともとは，データと平均の差の 2 乗の平均（差の 2 乗を合計して個数で割ったもの）であるが，それはデータの 2 乗の平均（データの 2 乗の合計を個数で割ったもの $\frac{1}{N}\sum x_i^2$）から，データの平均の 2 乗 $\bar{x}^2$ を引いた値と等しいのである．データが整数で平均が小数の場合の分散の計算では，この計算式で計算した方が簡単である.

4.2　度数分布表

> データを，度数分布表に整理して処理する

■ 度数分布表

データの中に同じ値がたくさんある場合や，データの個数が多いときには，データを個別に扱うよりも，グループ分けして扱った方がよい．たとえば，下は，あるクラス 40 人の身長（cm）のデータである．

165, 170, 158, 171, 169, 162, 150, 157, 169, 166,
174, 169, 160, 173, 178, 171, 162, 167, 166, 164,
174, 165, 164, 156, 172, 176, 165, 153, 168, 168,
166, 159, 172, 167, 161, 159, 180, 167, 160, 168.

これを，5 cm 刻みで表にまとめると，下のようになる．

階級 以上〜未満	150 〜155	155 〜160	160 〜165	165 〜170	170 〜175	175 〜180	180 〜185	計
階級値	152.5	157.5	162.5	167.5	172.5	177.5	182.5	
度数	2	5	7	15	8	2	1	40

また，データを表に整理するときには，度数（各グループに入る個数）だけではなく，各度数の全体に対する割合を調べることも重要である．先の表にこれを追加すると，下のようになる．

階級 以上〜未満	150 〜155	155 〜160	160 〜165	165 〜170	170 〜175	175 〜180	180 〜185	計
階級値	152.5	157.5	162.5	167.5	172.5	177.5	182.5	
度数	2	5	7	15	8	2	1	40
相対度数	0.050	0.125	0.175	0.375	0.200	0.050	0.025	1.000

このように，データを整理してまとめた表について，次の用語がある．

4.2 度数分布表

定義 4.3 (度数分布表).
（大量の）データを整理するとき，データのとる値の範囲をいくつかの小区間に分け，各小区間に入るデータの個数を調べて表にすることがある．このとき，

- 各小区間を**階級**という．
- 階級の中央の値を**階級値**という．
- 各階級に入るデータの個数を**度数**という．
- データの個数の総数を**総度数**という．
- 各階級に度数を対応させた表を**度数分布表**という．
- 各階級の度数を総度数で割った値（各度数の全体に対する割合）を**相対度数**という．
- 各階級に相対度数を対応させた表を**相対度数分布表**という．

階級の幅の刻み方は，データの最小値と最大値および総度数を考慮して，表が見やすくなるように刻めばよい．

例 4.3.
次は 40 人の体重のデータである．このデータの相対度数分布表を作りなさい．ただし，階級の幅を 4 kg とし，70 kg を階級値の 1 つにとりなさい．

51.6, 60.4, 72.6, 69.3, 60.8, 54.6, 65.7, 65.2, 49.8, 69.6,
70.1, 52.4, 79.6, 57.7, 59.0, 65.7, 60.2, 75.6, 59.7, 65.6,
58.6, 68.5, 52.8, 46.6, 65.1, 50.7, 56.7, 51.7, 62.2, 54.9,
73.8, 55.9, 74.1, 56.1, 82.3, 47.8, 62.7, 69.6, 57.6, 61.5.

解答
データの，最小値は 46.6 で，最大値は 82.3 である．階級値の 1 つが 70 kg で階級の幅が 4 kg だから，その階級は 68（以上）〜70（未満）である．よって，

各階級は 44〜48 から始まり，80〜84 までである．したがって，表は下のようになる．

階級 以上〜未満	44 〜48	48 〜52	52 〜56	56 〜60	60 〜64	64 〜68	68 〜72	72 〜76	76 〜80	80 〜84	計
階級値	46	50	54	58	62	66	70	74	78	82	
度数	2	4	5	7	6	5	5	4	1	1	40
相対度数	0.050	0.100	0.125	0.175	0.150	0.125	0.125	0.100	0.025	0.025	1.000

練習問題 4.3.

次は，ある日の世界 30 都市の気温（°C）のデータである．このデータの相対度数分布表を作りなさい．ただし，階級の幅を 10 °C とし，0 °C を階級値の 1 つにとりなさい．

27, 18, 20, −5, 42, 32, 8, 17, 14, 20,
17, 13, 25, 41, 39, 12, 17, 22, 3, −13,
26, 33, 18, 23, 9, 12, 26, 28, 22, 15.

表に整理したデータは，さらに，グラフを用いて表現すると，視覚的にわかりやすくなる．このグラフに関して，次の用語がある．

定義 4.4 (ヒストグラムなど).
- 度数分布表を柱状のグラフで表したものをヒストグラム（柱状グラフ）という．
- ヒストグラムの各長方形の上辺の中点を順に結んでできる折れ線グラフを度数折れ線という．

相対度数は，通常，円グラフで表される．

度数折れ線は，通常，データのとる値が実数（連続的）な場合，とくに時間的な推移が関係した場合，あるいは，複数のグラフを同時に表記するときなどに用いられる．

例 4.4.
例 4.3 における度数分布表をヒストグラムおよび度数折れ線で表しなさい．

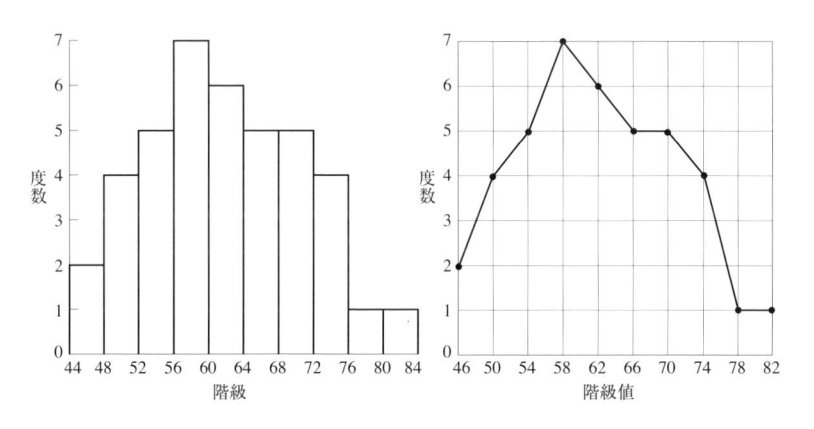

図 4.1　ヒストグラムと度数折れ線

練習問題 4.4.
練習問題 4.3 における度数分布表をヒストグラムおよび度数折れ線で表しなさい．

4.3 度数分布の代表値

> 度数分布表のデータについて，代表値や散らばり具合を見てみよう

■ 度数分布の平均値，分散

定義 4.5 (度数分布表での平均値，最頻値，分散など).
度数分布表に整理されたデータ

階級値	x_1	x_2	x_3	$\cdots$	x_n	計
度数	f_1	f_2	f_3	$\cdots$	f_n	N

$\left(N = \sum_{k=1}^{n} f_k\right)$ について,

- $\dfrac{1}{N}(x_1 f_1 + x_2 f_2 + x_3 f_3 + \cdots + x_n f_n)$ を**平均値**といい $\bar{x}$ で表す．
  すなわち $\bar{x} = \dfrac{1}{N} \sum_{k=1}^{n} x_k f_k$.

- データ（f_1 個の x_1 から f_n 個の x_n）を大きさの順に並べたとき，中央の順位にくる値を，**中央値**または**メジアン**という．（ただし，N が偶数個のときは，中央 2 つのデータの平均値とする）．

- 度数が最大である階級の階級値を**最頻値（モード）**という．

- $\dfrac{1}{N} \sum_{k=1}^{n} (x_k - \bar{x})^2 f_k$ を**分散**といい，σ^2 で表す．
  すなわち $\sigma^2 = \dfrac{1}{N} \sum_{k=1}^{n} (x_k - \bar{x})^2 f_k$.

- 分散のルートを**標準偏差**といい，σ で表す．すなわち $\sigma = \sqrt{\sigma^2}$.

4.3 度数分布の代表値

　度数分布表にまとめられたデータは，一般にまとめる以前の個別のデータが分からなくなっているので，データ x_1 が f_1 個，データ x_2 が f_2 個，$\cdots$，データ x_n が f_n 個集まったものと考えて，平均や分散を定義するのである．つまり，データの総計は $\sum_{k=1}^{n} x_k f_k$ と考え，これを総度数 N で割ったものを平均と定義し，データと平均の差の2乗の合計は，$(x_k - \bar{x})^2$ が f_k 個あると考えて，$\sum_{k=1}^{n} (x_k - \bar{x})^2 f_k$ となり，これを N で割ったものを分散と定義するのである．

　分散の計算においては，次の計算式が成り立つ．

定理 4.2 (分散の計算式).

度数分布表に整理されたデータ

階級値	x_1	x_2	x_3	$\cdots$	x_n	計
度数	f_1	f_2	f_3	$\cdots$	f_n	N

について，
$$\sigma^2 = \left(\frac{1}{n} \sum_{k=1}^{n} x_k^2 f_k \right) - \bar{x}^2 \text{ が成り立つ．}$$

証明

　$N = \sum_{k=1}^{n} f_k$ であり，平均の定義より $\bar{x} = \frac{1}{N} \sum_{k=1}^{n} x_k f_k$ であるから，$\sigma^2 = \frac{1}{N} \sum (x - x_k)^2 f_k = \frac{1}{N} \sum \left(x_k^2 - 2\bar{x} x_k + \bar{x}^2 \right) f_k = \frac{1}{N} \sum x_k^2 f_k - 2\bar{x} \cdot \frac{1}{N} \sum x_k f_k + \bar{x}^2 \cdot \frac{1}{N} \sum f_k = \frac{1}{N} \sum x_k^2 f_k - 2\bar{x} \cdot \bar{x} + \bar{x}^2 \cdot \frac{1}{N} N = \frac{1}{N} \sum x_k^2 f_k - \bar{x}^2$．

例 4.5.

例 4.3 の度数分布表

階級値	46	50	54	58	62	66	70	74	78	82	計
度数	2	4	5	7	6	5	5	4	1	1	40

において，平均，メジアン，モード，分散，標準偏差を求めなさい．

解答

平均 $\cdots \bar{x} = \frac{1}{40}(46 \cdot 2 + 50 \cdot 4 + 54 \cdot 5 + 58 \cdot 7 + 62 \cdot 6 + 66 \cdot 5 + 70 \cdot 5 + 74 \cdot 4 + 78 \cdot 1 + 82 \cdot 1) = 61.9$ kg，

メジアン $\cdots$ データは 40 個だから，中央の順位は 20 番目と 21 番目の間で，20 番目の階級値は 62 kg，21 番目の階級値も 62 kg だから，$\frac{62+62}{2} = 62$ kg，

モード $\cdots$ 度数の最大値は 7 で，その階級値は 58 だから，58 kg，

分散 $\cdots \sigma^2 = \frac{1}{40}(46^2 \cdot 2 + 50^2 \cdot 4 + 54^2 \cdot 5 + \cdots + 82^2 \cdot 1) - 61.9^2 = 78.79$，

標準偏差 $\cdots \sigma = \sqrt{78.79} = 8.88$ kg である．

練習問題 4.5.

次の度数分布において，平均，メジアン，モード，分散，標準偏差を求めなさい．

(1) 練習問題 4.3 における世界 30 都市の気温の度数分布．

(2) ある区域の 400 世帯の家族の人数の度数分布

家族の人数	1	2	3	4	5	6	7	8	計
度数	10	57	100	130	65	18	16	4	400

4.4 変量の変換

> 変量を導入し，その変換により，平均値や分散の変化を見てみよう

4.4 変量の変換

今まで，データという言葉を使用してきたが，これは正確には，たとえば，40 人の身長のデータ $172, 168, 1480, \cdots$ とか，400 世帯の家族の人数のデータ $2, 5, 8, 1, \cdots$ とかのように，▲▲のデータ $x_1, x_2, x_3, \cdots$ と記述される．このときの▲▲（身長とか家族の人数）の部分を変量という．変量には，家族の人数のようにデータのとる値が などの整数のようにとびとびの値を取る場合と，身長のように などの実数の値を取る場合とがある．

定義 4.6 (変量など)．

- ある集団に属する個々のもののある特性を表す数量（ラフに言うと，データの種類を表すもの）を**変量**といい，通常 x などで表す．
- とびとびの値しかとらない変量を**離散変量**という．
- 連続的な値（実数値）をとる変量を**連続変量**という．

度数分布に整理されたデータの場合も同様に定義する（階級値の種類を表すものを変量という）．

変量の変換

それでは次に，変量を変換することを考えてみよう．たとえば，身長のデータとして $172, 168, 180, 175, 178$ があったとき，各データから 175 を引くと，新しいデータの組 $-3, -7, 5, 0, 3$ が得られる．これは「身長から 175 を引いたもの」として新しい変量とみなせる．

このように，変量 x のデータ $x_1, x_2, x_3, \cdots$ があると，たとえば各データを a 倍し b を足して新しいデータの組 $ax_1 + b, ax_2 + b, ax_3 + b, \cdots$ を作ることができる．そして，これは「x を a 倍して b を足したもの」として，新しい変量とみなすことができ，この新しい変量を y とすると，これを $y = ax + b$ と表す．

同様に，度数分布に整理されたデータ

の場合も，（階級値の部分を変量とみて）新しい変量 $y = ax + b$ を考えると，

x	x_1	x_2	x_3	$\cdots$	x_n	計
$y = ax + b$	y_1	y_2	y_3	$\cdots$	y_n	
度数	f_1	f_2	f_3	$\cdots$	f_n	N

, $(y_k = ax_k + b)$

となる．

このように，ある変量を別の変量に変えることを，変量の変換という．

もとの変量と変換後の変量との関係

もとの変量と，変換された変量の関係については，次が成り立つ．

定理 4.3 (変量の変換).

変量 x の平均値を $\bar{x}$，分散を σ_x^2，標準偏差を σ_x とする．

- $y = ax + b$ で変換した変量 y の平均値を $\bar{y}$，分散を σ_y^2，標準偏差を σ_y とすると，$\bar{y} = a\bar{x} + b, \sigma_y^2 = a^2 \cdot \sigma_x^2, \sigma_y = |a| \cdot \sigma_x$ が成り立つ．
- とくに，$z = \frac{1}{\sigma_x}x + \frac{-\bar{x}}{\sigma_x} = \frac{x - \bar{x}}{\sigma_x}$ の場合（この変換を標準化という），$\bar{z} = 0, \sigma_z = 1$ である．

証明

データが個別の場合は，$y_i = ax_i + b, \bar{x} = \frac{1}{N}\sum x_i$, であるから，$\bar{y} = \frac{1}{N}\sum y_i = \frac{1}{N}\sum ax_i + b = a \cdot \frac{1}{N}\sum x_i + b \cdot \frac{1}{N}\sum 1 = a\bar{x} + b$ であり，$\sigma_{y_i}^2 = \frac{1}{N}\sum(y_i - \bar{y})^2 = \frac{1}{N}\sum\{(ax_i + b) - (a\bar{x} + b)\}^2 = \frac{1}{N}\sum(ax_i - a\bar{x})^2 = a^2\frac{1}{N}\sum(x_i - \bar{x})^2 = a^2\sigma_x^2$ である．また，度数分布に整理されたデータのときも同様に示せる．とくに，$z = \frac{x - \bar{x}}{\sigma_x}$ の場合は，$a = \frac{1}{\sigma_x}, b = \frac{-\bar{x}}{\sigma_x}$ として前半のことを使うと，$\bar{z} = \frac{1}{\sigma_x}\bar{x} + \frac{-\bar{x}}{\sigma_x} = 0, \sigma_z^2 = \left(\frac{1}{\sigma_x}\right)^2 \cdot \sigma_x^2 = 1$ を得る．

4.4 変量の変換

変量を変換することの利点

変量を変換すると，平均値や標準偏差の計算を少し（計算しやすい数値の計算に）簡単化できる．

例

次のデータの平均および標準偏差を，変量の変換を用いて計算しなさい．

(1) 5人の身長：$165.0, 172.3, 159.5, 182.5, 173.2$

(2) 40人の体重：

階級値	46	50	54	58	62	66	70	74	78	82	計
度数	2	4	5	7	6	5	5	4	1	1	40

解答

(1) $y = x - 170$ により，新しい変量 y を導入する（$y = ax + b$ において $a = 1, b = -170$）．このとき，変換されたデータ y_i の値，および，標準偏差を計算するときに必要な y_i^2 の値を求めると，次の表のようになる．

x	165.0	172.3	159.5	182.5	173.2	計
$y = x - 170$	-0.5	2.3	-10.5	12.5	3.2	2.5
y^2	25.00	5.29	110.25	156.25	10.24	307.03

これより，$\bar{y} = \frac{2.5}{5} = 0.5, \sigma_y^2 = \frac{1}{5}\sum y_i^2 - \bar{y}^2 = \frac{307.03}{5} - 0.5^2 = 61.156$ を得る．$\bar{y} = \bar{x} - 170, \sigma_y^2 = 1^2 \cdot \sigma_x^2$ より，$\bar{x} = \bar{y} + 170 = 170.5, \sigma_x^2 = \sigma_y^2 = 61.156, \sigma_x = \sqrt{61.156} = 7.82$ を得る．

(2) $y = x - 62$ により，新しい変量 y を導入する（$y = ax + b$ において $a = 1, b = -62$）．このとき，変換されたデータは次のようになる．

x	46	50	54	58	62	66	70	74	78	82	計
f	2	4	5	7	6	5	5	4	1	1	40
$y = x - 62$	-16	-12	-8	-4	0	4	8	12	16	20	20
$y_k f_k$	-32	-48	-40	-28	0	20	40	48	16	20	-4
y_k^2	256	144	64	16	0	16	64	144	256	400	1360
$y_k^2 f_k$	512	576	320	112	0	80	320	576	256	400	3152

これより，$\bar{y} = \frac{1}{40} \sum y_k = \frac{-4}{40} = -0.1, \sigma_y^2 = \frac{1}{40} \sum y_k^2 f_k - \bar{y}^2 = \frac{3152}{40} - (-0.1)^2 = 78.79$ を得，$\bar{y} = \bar{x} - 62, \sigma_y^2 = 1^2 \cdot \sigma_x^2$ より，$\bar{x} = \bar{y} + 62 = 61.9, \sigma_x^2 = \sigma_y^2 = 78.79, \sigma_x = \sqrt{78.79} = 8.88$ を得る． □

これらの結果は，前出の例の結果と一致する．

上の例において，(1) では x から 170 を，(2) では から 62 を，引いて y としているが，このときの 170 や 62 は平均値の予想値であり，仮平均と呼ばれる．仮平均を本当の平均値に近く予想して計算を行うと，計算に使う数値は小さく（0 に近く）なり，計算が簡単になる．

例 4.6.

次の各問に答えなさい．

(1) $\bar{x} = 10, \sigma_x = 3$ である変量 x を $y = ax + 50$ で変換したら $\bar{y} = 30$ であるとき，a および σ_y を求めなさい．

(2) $z = 2x - 3$ が x の標準化であるとき，$\bar{x}, \sigma_x^2$ を求めなさい．

解答

(1) $\bar{y} = a\bar{x} + 50$ より $30 = a \cdot 10 + 50$ だから，$a = -2$ である．また，$\sigma_y^2 = a^2 \cdot \sigma_x^2 = (-2)^2 \cdot 3^2 = 36$ より，$\sigma_y = \sqrt{36} = 6$ である．

(2) 変換が $y = 2x - 3$ より，$\bar{z} = 2\bar{x} - 3, \sigma_z^2 = 2^2 \cdot \sigma_x^2$ であり，z は標準化だから $\bar{z} = 0, \sigma_z = 1$ より，$0 = 2\bar{x} - 3, 1 = 2^2 \cdot \sigma_x^2$ となる．これより，$\bar{x} = \frac{3}{2}, \sigma_x^2 = \frac{1}{4}$ を得る．

練習問題 4.6.

次の各問に答えなさい.

(1) $\bar{x}=15, \sigma_x=5$ である変量 x を $y=ax+b$ で変換したら $\bar{y}=30, \sigma_y=3$ であるとき，a, b を求めなさい．ただし，$a>0$.

(2) $z=\frac{2x-6}{3}$ が x の標準化であるとき，$\bar{x}, \sigma_x$ を求めなさい．

偏差値について

- 変量 x のデータ $x_1, x_2, x_3, \cdots, x_N$ の平均が $\bar{x}$，標準偏差が σ_x のとき，変量の変換 $u=50+10\times\frac{x-\bar{x}}{\sigma_x}$ によって定義される新しい変量 u でのデータの値 u_i を x_i の**偏差値**という．

たとえば，あるテストでの点数のデータ $85, 50, \cdots$ の平均が $\bar{x}=60.5$ で，標準偏差が $\sigma_x=12.5$ のとき，$x_1=85$ の偏差値は $u_1=50+10\times\frac{85-60.5}{12.5}=69.6$ であり，$x_2=50$ の偏差値は $u_2=50+10\times\frac{50-60.5}{12.5}=41.6$ である．

- 偏差値を与える変量 u については，平均は $\bar{u}=50$ であり，標準偏差は $\sigma_u=10$ である．

なぜならば，$z=\frac{x-\bar{x}}{\sigma_x}$ とおくと，$u=50+10\times z$ であるが，z は x の標準化より $\bar{z}=0, \sigma_z=1$ だから，$\bar{u}=50+10\times\bar{z}=50+10\times 0=50, \sigma_u^2=10^2\cdot\sigma_z^2=10^2\cdot 1^2=10^2$ となるからである．

第5章 母集団と標本

5.1 母集団と標本
5.2 2次元確率変数
5.3 標本分布
5.4 標本平均の分布
5.5 標本比率

5.1 母集団と標本

> 調べたい対象全体と実際に調べる対象

■ 母集団と標本の定義

たとえば，ある 40 人のクラスの人の身長の平均を求めるには，全員の身長を測定し，平均を計算すればよい．ところが，18 歳の日本人全員の身長の平均を求めようとしたとき，全員の身長を測定するのはかなりの労力と時間がかかり，平均の計算結果がでたときは各人の身長が伸びて，その時点での平均と計算結果は異なる可能性がある．したがって，このようなときには，18 歳の日本人から何人かを選び，身長を測定し，その平均から全員の平均を推し計ることが行われる．

また，たとえば，ある家電メーカーが製造している電球の寿命時間の平均を求めるとき，全部の電球でそれを調べるわけにはいかない．なぜなら，寿命時間を測定した時点でその電球は使いものにならなくなり，製品としての価値がなくなるからである．このような場合も，製造された電球からいくつかを選び出し，その寿命時間の平均を求めて，全電球の平均を推し測ることを行うしかない．

このように，ある対象全体の平均などを求めるために，対象全体を調査するのではなく，その対象の中からいくつかを選び出すことがよく行われる．これらに関して，次の用語がある．

定義 5.1 (母集団，標本).
ある対象（平均などの統計的な量）を調査するとき，

- 調査対象全体を**母集団**という．（母集団全体を調査することを**全数調査**という）．
- （母集団からその一部分を抜き出して調査することを**標本調査**といい）母集団からその一部分を抜き出すことを**抽出**といい，抽出されたものを**標本**という．
- 母集団が含むものの個数を**母集団の大きさ**といい，抽出した標本の個数を**標本の大きさ**という．

平均や分散などを調査することを**統計調査**という．
40 人のクラスの人全員の身長を測定する場合，母集団は 40 人全員の身長であり，この統計調査は全数調査である．

母集団と標本の例
例 1
18 歳の日本人から何人かを選び，その身長を測定する場合，母集団は 18 歳の日本人全員の身長であり，この調査は標本調査であり，標本は選ばれた人の身長である．
例 2
製造された電球からいくつかを抜き出しその寿命時間を測定する場合，母集団は製造された電球全部の寿命時間であり，この調査は標本調査であり，標本は抜き出した電球の寿命時間である．

大がかりな全数調査の例としては，国勢調査がある．現実的な標本調査の例としては，たとえば，テレビの視聴率，世論調査などがある．また，選挙における得票数は全数調査であるが，選挙速報における当選確実等を示すための調

査は標本調査である．(つまり，一部の開票結果から，全得票数を推測して，当選ラインを超えているかどうかを判断しているのである)．

母集団には2種類あり，母集団の大きさ（母集団に属するものの個数）が有限の場合を有限母集団，母集団の大きさが無限の場合を無限母集団という．

無限母集団の例としては，たとえば，前述の連続型確率変数の最初の例で述べたルーレットの場合がある．小球を転がして止まったときの角度を調べることを10回行った場合，これで得られた10回分の角度が標本である．そして，母集団は0から2πまでの実数全体であり，これは無限個である．

同様に，ある実験を繰り返して行い，その実験値を測定した場合，得られた実験値が標本であり，母集団は考えられる実験値全体であり，その個数は無限の場合が多い．つまり，実験の測定値の母集団は無限母集団の場合が多い．

母集団から標本を抽出する方法について，次の用語がある．

定義 5.2 (復元抽出など).

- 母集団から大きさnの標本を抽出する場合，毎回元に戻しながら1個ずつn回抽出することを**復元抽出**といい，元に戻さないでn個抽出することを**非復元抽出**という．
- 標本が母集団から等しい確率で抽出されるような抽出方法を**無作為抽出法**という．

復元抽出では同じものが2回以上選ばれることもあり得る．非復元抽出では同じものは2回以上選ばれることはない．

そもそも標本調査は，抽出された標本から母集団の統計量（平均や分散）を推定することが1つの大きな目的であるから，抽出する標本は，母集団の統計量を反映するように抽出しなければならない．偏った抽出を行うと，それから得られた標本のデータは偏ったものになり，母集団の統計量の推定が誤ったも

のになる．このようなことが起こらないよう，抽出する方法が無作為抽出法である．

無作為抽出の例（乱数）

　無作為抽出法の具体的方法としては，乱数を利用する方法がある．

　乱数は，不規則という規則に従って出現する数字の列である．現実的に乱数を発生させる方法の1つとしては，乱数さいころがある．乱数さいころは正20面体のさいころで，0から9までの数字が2面ずつに書き込んである．これを繰り返し投げて上面に書かれた数字を記録していくと，乱数が得られる．（同様に，0から9までの数字が書かれたカードを，よく切って1枚引くということを繰り返しても乱数が得られる．また，コンピュータで擬似的な乱数を発生させることもできる）．

　乱数を並べて表にしたものが乱数表である．乱数表では，上下，左右，斜めのいずれの並びをとっても，0から9までの数字が同じ確率で現れるようにしてある表のことである．

　乱数を用いて，具体的に500人の中から20人を無作為抽出するには，まず500人に1から500の番号を付けた後，たとえば，乱数さいころを3回投げて得られた数字を3桁の番号とみなしてその番号の人を抽出し，（その番号が0や500以上のときはもう1度同じことを繰り返す），この操作を20人になるまで繰り返せばよい．また，乱数表を使うときには，乱数表のスタートする場所とスタート箇所からどちらの方向に進むかを適当な方法で決め，並んだ数字を3桁ずつに区切って番号とすればよい．そして，この抽出を非復元抽出（同じものは2度選ばない）にしたければ，もし同じ番号が出現した場合2回目以降のそれは却下すればよい．

5.2 2次元確率変数

> 標本に関する解析を行うための準備として，2つの確率変数から，新たに1つの確率変数を作ることについて述べよう．(ここでの話は，前述した，1つの確率変数を変換して新しい確率変数を作ることではない)．

離散型の場合

(1) X を，確率 p_k で値 x_k をとる離散型確率変数，Y を，確率 q_h で値 y_h をとる離散型確率変数とする．すなわち，それぞれの確率分布は $P(X = x_k) = p_k, P(Y = y_h) = q_h$ とする．

(2) このとき X, Y を並べたもの (X, Y) を考えると，これは値 (p_k, q_h) をとる確率変数と考えられる．

(3) (X, Y) が値 (p_k, q_h) をとる確率を r_{kh} とする．

- ここで，$r_{kh} = p_k \times q_h$ が成り立つならば，X と Y は **独立** という (**確率変数の独立**)．

(4) X と Y の式 $W = \varphi(X, Y)$ (たとえば，$W = aX + bY + c, W = XY, W = \frac{1}{2}(X^2 + Y^2)$ など) があったとき，W は確率 r_{kh} で値 $\varphi(x_k, y_h)$ をとる確率変数と考えることができる．

(5) W の期待値と分散を $E(W) = \sum_{k,h} \varphi(x_k, y_h) \cdot r_{kh}$ と $V(W) = E(W^2) - \{E(W)\}^2$ で定義する．

例

(1) X をコインを2回投げたときに表の出る回数，Y を $1, 1, 2, 2, 2, 3$ が書かれた6枚のカードから1枚選んだカードに書かれた数字とすれば，それぞれの確率分布は，

X	0	1	2	計
	$\frac{1}{4}$	$\frac{1}{2}$	$\frac{1}{4}$	1

Y	1	2	3	計
	$\frac{1}{3}$	$\frac{1}{2}$	$\frac{1}{6}$	1

である.

(2) (X,Y) のとる値は $(0,1), (0,2), (0,3), (1,1), (1,2), (1,3), (2,1), (2,2), (2,3)$ の 9 通りであり,

(3) それぞれの値をとる確率は $\frac{1}{12}, \frac{1}{8}, \frac{1}{24}, \frac{1}{6}, \frac{1}{4}, \frac{1}{12}, \frac{1}{12}, \frac{1}{8}, \frac{1}{24}$ である. このとき, (X,Y) が (x,y) をとる確率は $P(X=x) \times P(Y=y)$ と一致するので, 確率変数 X と Y は独立である. たとえば $P((X,Y)=(0,1)) = \frac{1}{12} = \frac{1}{4} \times \frac{1}{3} = P(X=0) \times P(Y=1)$.

(4) たとえば, $W = X+Y$ とすると, W は値 $1,2,3,4,5$ をとる確率変数で, (すなわち, W はコインの表の出た回数と選んだカードに書かれた数の和を示している), それぞれの確率は

W	1	2	3	4	5	計
	$\frac{1}{12}$	$\frac{7}{24}$	$\frac{3}{8}$	$\frac{5}{24}$	$\frac{1}{24}$	1

である. (たとえば, $W = X+Y = 2$ となるのは, $(X,Y)=(0,2),(1,1)$ の場合であるから, その確率は $P(W=2) = P((X,Y)=(0,2)) + P((X,Y)=(1,1)) = \frac{1}{8} + \frac{1}{6} = \frac{7}{24}$ である).

(5) $W = X+Y$ の場合の期待値と分散は次の通りである.
$E(W) = 1 \cdot \frac{1}{12} + 2 \cdot \frac{7}{24} + 3 \cdot \frac{3}{8} + 4 \cdot \frac{5}{24} + 5 \cdot \frac{1}{24} = \frac{17}{6}$,
$E(W^2) = 1^2 \cdot \frac{1}{12} + 2^2 \cdot \frac{7}{24} + 3^2 \cdot \frac{3}{8} + 4^2 \cdot \frac{5}{24} + 5^2 \cdot \frac{1}{24} = 9$ より,
$V(W) = E(W^2) - \{E(X)\}^2 = 9 - \left(\frac{17}{6} = \frac{35}{36}\right)$.

離散型確率変数 X, Y から作られる確率変数の期待値, 分散について次が成り立つ.

定理 5.1 (期待値，分散).

X, Y を離散型確率変数，a, b, c を定数とするとき，次が成り立つ．

- $E(aX + bY + c) = aE(X) + bE(Y) + c$
- X, Y が独立ならば，$E(XY) = E(X) \cdot E(Y)$
- X, Y が独立ならば，$V(aX + bY) = a^2 V(X) + b^2 V(Y)$

証明

$P(X = x_k) = p_k, P(Y = y_h) = q_h, P((X, Y) = (x_k, y_q)) = r_{kh}$ とする．Y が全事象 $\cup y_h$ をとる確率は 1 であるから，(X, Y) が値 $(x_k, \cup y_h)$ をとる確率と，X が値 x_k をとる確率は同じである．すなわち $P((X, Y) = (x_k, \cup y_h)) = p_k$ が成り立つ．これより，$\sum_h r_{kh} = \sum_h P((X, Y) = (x_k, y_h)) = P((X, Y) = (x_k, \cup y_h)) = p_k$ が成り立つ．同様に $\sum_k r_{kh} = q_h$ が成り立つ．そこで，

- $E(aX + bY + c) = \sum_{k,h} (ax_k + by_h + c) r_{kh} = a \sum_k x_k \sum_h r_{kh} + b \sum_h y_h \sum_k r_{kh} + c \sum_{k,h} r_{kh} = a \sum_k x_k p_k + b \sum_h y_h q_h + c \cdot 1 = aE(X) + bE(Y) + c$ が成り立つ．また，X, Y が独立ならば，$r_{kh} = p_k \times q_h$ が成り立つから，

- $E(XY) = \sum_{k,h} x_k y_h \cdot r_{kh} = \sum_{k,h} x_k y_h \cdot p_k \cdot q_h = \sum_k x_k p_k \cdot \sum_h y_h q_h = E(X) \cdot E(Y)$ および，

- $V(aX + bY) = E\{(aX + bY) - E(aX + bY)\}^2 = E(a^2 X^2 + 2ab XY + b^2 Y^2) - \{aE(X) + bE(Y)\}^2 = a^2 E(X^2) + 2ab E(XY) + b^2 E(Y^2) - a^2 \{E(X)\}^2 - 2ab E(X) E(Y) - b^2 \{E(Y)\} = a^2 [E(X^2) - \{E(X)\}^2] + 2\{E(XY) - E(X) E(Y)\} + b^2 [E(Y^2) - \{E(Y)\}^2] = a^2 V(X) + b^2 V(Y)$ が成り立つ．（最後の等式で X, Y が独立だから $E(XY) = E(X) E(Y)$ であることを用いた）．

例 5.1.

X と Y は，それぞれ二項分布 $B\left(200, \frac{1}{3}\right)$ と $B\left(300, \frac{1}{4}\right)$ に従う確率変数とす

るとき，$W = \frac{X+Y}{2}$ の期待値を求めなさい．また，X と Y が独立のとき，W の分散を求めなさい．

解答

X は $n = 200, p = \frac{1}{3}$ の二項分布 $B\left(200, \frac{1}{3}\right)$ に従うから，その期待値と分散は $E(X) = np = \frac{200}{3}, V(X) = np(1-p) = \frac{400}{9}$ である．同様に，Y の期待値と分散は $E(Y) = 75, V(Y) = \frac{225}{4}$ である．よって $W = \frac{1}{2}X + \frac{1}{2}Y$ の期待値は $E(W) = \frac{1}{2}E(X) + \frac{1}{2}E(Y) = \frac{1}{2} \cdot \frac{200}{3} + \frac{1}{2} \cdot 75 = \frac{425}{6}$ である．そして，X と Y が独立ならば，W の分散は，$V(W) = \left(\frac{1}{2}\right)^2 \cdot V(X) + \left(\frac{1}{2}\right)^2 \cdot V(Y) = \frac{1}{4} \cdot \frac{400}{9} + \frac{1}{4} \cdot \frac{225}{4} = \frac{3625}{144}$ である．

練習問題 5.1.

次の各問いに答えなさい．

(1) X と Y が，それぞれ二項分布 $B\left(50, \frac{1}{2}\right)$ と $B\left(100, \frac{2}{5}\right)$ に従う確率変数としたとき，$W = \frac{3X - 2Y}{2}$ の期待値を求めなさい．また，X と Y が独立のとき の分散を求めなさい．

(2) X と Y がともに $\lambda = 6$ のポアソン分布に従い，互いに独立のとき，$W = XY$ の期待値を求めなさい．

例 5.2.

大小 2 個のさいころを振ったとき，大のさいころの目の数から小のさいころの目の数を引いた差の期待値と分散を求めなさい．

解答

大小のさいころの出た目の数をそれぞれ X, Y とすると，それらの確率分布は $P(X = k) = \frac{1}{6}, P(Y = k) = \frac{1}{6}, (k = 1, 2, 3, 4, 5, 6)$ であり，これらは独立である．そして，$E(X) = E(Y) = \sum_{k=1}^{6} k \cdot \frac{1}{6} = \frac{21}{6} = \frac{7}{2}, V(X) = V(Y) = E(X^2) - \{E(X)\}^2 = \sum_{k=1}^{6} k^2 \cdot \frac{1}{6} - \left(\frac{7}{2}\right)^2 = \frac{91}{6} - \frac{49}{4} = \frac{35}{12}$ である．さて，目の差は $W = X - Y$ であるから，$E(W) = E(X) - E(Y) = \frac{7}{2} - \frac{7}{2} = 0, V(W) = 1^2 V(X) + (-1)^2 V(Y) = \frac{35}{12} + \frac{35}{12} = \frac{35}{6}$ である．

練習問題 5.2.

大小 2 個のさいころを振ったとき，出た目の和の期待値および分散を求めなさい．

連続型の場合

(1) X, Y をそれぞれ確率密度関数が $f(x), g(y)$ である連続型確率変数とする．

(2) $P(a \leq X \leq b, c \leq Y \leq d) = \int_{y=c}^{y=d} \int_{x=a}^{x=b} h(x,y) dx dy$ が成り立つような 2 変数関数 $h(x,y)$ があるとき，この $h(x,y)$ は確率密度関数になる．これにより与えられる連続型確率変数を (X,Y) と表す．

- ここで $h(x,y) = f(x) \cdot g(y)$ が成り立つならば，X と Y は**独立**という (**連続型確率変数の独立**)．

(3) X と Y の式 $W = \varphi(X,Y)$ は，値 $\varphi(x,y)$ をとる確率変数と考えることができる．

(4) $W = \varphi(X,Y)$ の期待値と分散を $E(W) = \int_{y=c}^{y=d} \int_{x=a}^{x=b} \varphi(x,y) \cdot h(x,y) dx dy$ と $V(W) = E(W^2) - \{E(W)\}^2$ で定義する．

例

(1) 30 分間隔で運行している電車の駅に適当に行ったときの電車の待ち時間を X，電車から降りた駅前からは 20 分間隔でバスが運行しているとき，バスの待ち時間を Y とすれば，それぞれの確率分布は一様分布であり，それぞれの確率密度関数は，$X : f(x) = \frac{1}{30}, \{0 \leq x < 30\}, Y : g(y) = \frac{1}{20}, \{0 \leq y < 20\}$ である．

(2) このとき，$P(a \leq x \leq b, c \leq y \leq d) = \int_{y=c}^{y=d} \int_{x=a}^{x=b} \frac{1}{600} dx dy, (0 \leq a < b < 30, 0 \leq c < d < 20)$ が成り立つ．よって，確率密度関数が $h(x,y) = \frac{1}{600}, \{0 \leq x < 30, 0 \leq y < 20\}$ である確率変数 (X,Y) がある．このとき，$h(x,y) = f(x) \cdot g(y)$ が成り立つので，X と Y は独立である．

(3) たとえば，$W = X + Y$ とすると，W は 0 から 50 の間の値をとる連続型確率変数である．（すなわち，W は電車とバスの待ち時間の和を示している）．この確率密度関数は

$$t(w) = \begin{cases} \frac{w}{600} & \{0 \leq w < 20\} \\ \frac{20}{600} & \{20 \leq w < 30\} \\ \frac{50-w}{600} & \{30 \leq w < 50\} \end{cases}$$

となる（この証明は省略）．

(4) そして $W = X + Y$ の場合の期待値と分散は次の通りである．
$E(W) = \int_0^{50} w \cdot t(w) dw = \int_0^{20} w \cdot \frac{w}{600} dw + \int_{20}^{30} w \cdot \frac{20}{600} dw + \int_{30}^{50} w \cdot \frac{50-w}{600} dw = 25$, $E(W^2) = \int_0^{50} w \cdot t(w) dw = \int_0^{20} w^2 \cdot \frac{w}{600} dw + \int_{20}^{30} w^2 \cdot \frac{20}{600} dw + \int_{30}^{50} w^2 \cdot \frac{50-w}{600} dw = \frac{2200}{3}$ より，$V(W) = E(W^2) - \{E(W)\}^2 = \frac{2200}{3} - 25^2 = \frac{325}{3}$.

連続型確率変数 X, Y から作られる確率変数の期待値，分散について次が成り立つ．

定理 5.2 (期待値，分散)．
X, Y を連続型確率変数，a, b, c を定数とするとき，次が成り立つ．

- $E(aX + bY + c) = aE(X) + bE(Y) + c$
- X, Y が独立ならば，$E(XY) = E(X) \cdot E(Y)$
- X, Y が独立ならば，$V(aX + bY) = a^2 V(X) + b^2 V(Y)$

証明

$X, Y, (X, Y)$ の確率密度関数を $f(x), g(y), h(x, y)$ とする．X が全事象 $\{-\infty < x < +\infty\}$ をとる確率は 1 であるから，Y が値 $(\alpha \leq Y \leq \beta)$ をとる確率と，(X, Y) が $(-\infty < x < +\infty, \alpha \leq Y \leq \beta)$ をとる確率は同じである．すなわち $\int_\alpha^\beta g(y) dy = P(\alpha \leq y \leq \beta) = P(-\infty < x < +\infty, \alpha \leq$

$Y \leq \beta) = \int_{y=\alpha}^{y=\beta} \left\{ \int_{x=-\infty}^{x=+\infty} h(x,y)dx \right\} dy$ が成り立つ．これより，Y の確率密度関数 gy は，$g(y) = \int_{x=-\infty}^{x=+\infty} h(x,y)dx$ であることがいえる．同様に $f(x) = \int_{y=-\infty}^{y=+\infty} h(x,y)dy$ がいえる．そこで，

- $E(aX + bY + c) = \int_{x=-\infty}^{x=+\infty} \int_{y=-\infty}^{y=+\infty} (ax+by+c) \cdot h(x,y)dxdy$
  $= a\int_{x=-\infty}^{x=+\infty} \left\{ x \int_{y=-\infty}^{y=+\infty} h(x,y)dy \right\} dx + b \int_{y=-\infty}^{y=+\infty} \left\{ y \int_{x=-\infty}^{x=+\infty} h(x,y)dx \right\} dy + c \int_{x=-\infty}^{x=+\infty} \int_{y=-\infty}^{y=+\infty} h(x,y)dxdy$
  $= a\int_{x=-\infty}^{x=+\infty} xf(x)dx + b \int_{y=-\infty}^{y=+\infty} yg(y)dy + c \cdot 1 = aE(X) + bE(Y) + c$
  が成り立つ．
  また，X, Y が独立ならば，$h(x,y) = f(x) \cdot g(y)$ が成り立つから，
- $E(XY) = \int_{x=-\infty}^{x=+\infty} \int_{y=-\infty}^{y=+\infty} (xy) \cdot h(x,y)dxdy$
  $= \int_{x=-\infty}^{x=+\infty} \int_{y=-\infty}^{y=+\infty} x \cdot y \cdot f(x) \cdot g(y)dxdy$
  $= \int_{x=-\infty}^{x=+\infty} xf(x)dx \int_{y=-\infty}^{y=+\infty} yg(y)dy$
  $= E(X) \cdot E(Y)$ が成り立つ．
- 3番目の式は離散型の場合と全く同じに示せる．

例 5.3.

X, Y は，それぞれ正規分布 $N(100, 3^2), N(150, 4^2)$ に従う確率変数とするとき，$W = \frac{3X+2Y}{5}$ の期待値を求めなさい．また，X, Y が独立のとき W の分散を求めなさい．

解答

$E(X) = \mu = 100, V(X) = \sigma^2 = 3^2 = 9, E(Y) = 150, V(Y) = 4^2 = 16$ である．よって W の期待値は $E(W) = \frac{3}{5}E(X) + \frac{2}{5}E(Y) = \frac{3}{5} \cdot 100 + \frac{2}{5} \cdot 150 = 120$ である．そして，X, Y が独立ならば，W の分散は，$V(W) = \left(\frac{3}{5}\right)^2 V(X) + \left(\frac{2}{5}\right)^2 V(Y) = \left(\frac{3}{5}\right)^2 \cdot 9 + \left(\frac{2}{5}\right)^2 \cdot 16 = \frac{29}{5}$ である．

練習問題 5.3.

次の各問いに答えなさい．

(1) X, Y が,ともに正規分布 $N(170, 6^2)$ に従うとき,$W = \frac{X+Y}{2}$ の期待値を求めなさい.また,X, Y が独立のとき W の分散を求めなさい.

(2) X, Y がそれぞれ確率密度関数が $f(x) = \frac{1}{2\pi}, \{0 \leq x \leq 2\pi\}$ と $g(y) = \frac{1}{12}, \{-3 \leq y \leq 9\}$ である一様分布に従い,互いに独立のとき,$W = XY$ の期待値を求めなさい.

5.3 標本分布

> 母集団から抽出した標本の分布

■ 確率変数から作られる確率変数

まず,前項の 2 次元確率変数の必要部分を再記しておく.

- 2 つの確率変数から,1 つの新しい確率変数を作ることができる.
- X, Y から作られた確率変数 $aX + bY, (a, b$ は定数$)$ について次が成り立つ.
    - $E(aX + bY) = aE(X) + bE(Y)$
    - X, Y が独立ならば,$V(aX + bY) = a^2 V(X) + b^2 V(Y)$

上記は,2 つの確率変数から 1 つの新しい確率変数を作る場合であるが,これを繰り返せば,たくさんの確率変数から 1 つの新しい確率変数を作ることができる.そして,次がいえる.

> **定理 5.3 (確率変数から作られる確率変数の期待値と分散).**
> $X_1, X_2, \cdots, X_n$ を n 個の確率変数とし,a_k を定数とするとき,これから作られた新しい確率変数 $a_1 X_1 + a_2 X_2 + \cdots + a_n X_n \left(\sum_{k=1}^{n} a_k X_k \right)$ について,次が成り立つ.
>
> - $E(a_1 X_1 + a_2 X_2 + \cdots + a_n X_n) = a_1 E(X_1) + a_2 E(X_2) + \cdots + a_n E(X_n)$
> - X_k が互いに独立ならば,$V(a_1 X_1 + a_2 X_2 + \cdots + a_n X_n) = a_1^2 V(X_1) + a_2^2 V(X_2) + \cdots + a_n^2 V(X_n)$

証明
　2つの確率変数の場合を繰り返し適用すればよい.

それでは，1つの母集団から抽出される標本の分布について述べよう.

(1) ここに1つの母集団があったとする.
(2) この母集団から1つの標本 X を抽出すると，X は確率変数になる．この X の確率分布を**母集団分布**といい，X の期待値，分散，標準偏差をそれぞれ**母平均**，**母分散**，**母標準偏差**という．（今の段階では，母集団分布がどのような確率分布に従うかはわかっていない．二項分布かもしれないし，正規分布かもしれないし，全く別の確率分布かもしれない）．
(3) 次に，母集団から n 個の標本 $X_1, X_2, \cdots, X_n$ を抽出したとしよう．各 X_k は確率変数である．そして，抽出が復元抽出（取り出したものを元に戻して次を取り出す）ならば，各回での抽出は母集団から1つの標本を抽出することの繰り返しだから，各 X_k の確率分布は前出の X の確率分布すなわち母集団分布に従う．逆に，抽出が非復元抽出（取り出したものを元に戻さないで次を取り出す）ならば，各回で抽出対象の状況が変わるから，各 X_k の確率分布は異なる．しかし，母集団の大きさ（母集団に属するものの個数）が大きいときは，（少々抽出しても）抽出対象の状況はほとんど変化しないから，各 X_k の確率分布は母集団分布に従うと考えてよい．
(4) n 個の確率変数 $X_1, X_2, \cdots, X_n$ からは，様々な新しい確率変数を作ることができる．この $X_1, X_2, \cdots, X_n$ から作られる新しい確率変数を**統計量**といい，その確率分布を**標本分布**という．

■ 重要な統計量
統計量として特に重要なものとして，次のものがある．

定義 5.3 (標本平均など).
1 つの母集団から抽出された n 個の標本を $X_1, X_2, \cdots, X_n$ とする．これらから作られる確率変数（統計量）の主なものとして，以下がある．

- $\frac{1}{n}(X_1 + X_2 + \cdots + X_n)$ を**標本平均**といい，$\bar{X}$ で表す．
- $\frac{1}{n}\{(X_1 - \bar{X})^2 + (X_2 - \bar{X})^2 + \cdots + (X_n - \bar{X})^2\}$ を**標本分散**といい，S^2 で表す．
- $\sqrt{S^2}$ を**標本標準偏差**といい，S で表す．
- $\frac{1}{n-1}\{(X_1 - \bar{X})^2 + (X_2 - \bar{X})^2 + \cdots + (X_n - \bar{X})^2\}$ を**不偏分散**といい，U^2 で表す．

つまり，

$$\bar{X} = \frac{1}{n}\sum_{k=1}^{n} X_k, \quad S^2 = \frac{1}{n}\sum_{k=1}^{n}(X_k - \bar{X})^2, \quad U^2 = \frac{1}{n-1}\sum_{k=1}^{n}(X_k - \bar{X})^2$$

である．

標本平均 $\bar{X}$ は確率変数だから，この $\bar{X}$ の平均 $E(\bar{X})$ や分散 $V(\bar{X})$ を考えることができる．これについて調べてみよう．

母平均が μ で，母分散が σ^2 である母集団があったとする．（正規分布と同じ文字を使っているが，この母集団分布は正規分布というわけではない．二項分布や一様分布あるいは別の確率分布かもしれない．ただ単に，平均と分散が μ と σ^2 という値である母集団分布である）．この母集団から，大きさ n の標本 $X_1, X_2, \cdots, X_n$ を抽出する場合，前述のように，抽出が復元抽出ならば各 X_k の確率分布は母集団分布と同じだから（やはり X_k の確率分布が正規分布というわけではない．母集団分布と同じというだけである），それらの平均と分散は母平均と母分散に等しい．すなわち，$E(X_k) = \mu, V(X_k) = \sigma^2$ である．また，各 X_k は互いに独立である（こともいえる）．したがって，このときの標本平均

$\bar{X}$ について，次が成り立つ．

> **定理 5.4** (復元抽出の標本平均の期待値と分散)．
> 母平均が μ, 母分散が σ^2 である母集団から，大きさ n の標本 $X_1, X_2, \cdots, X_n$ を復元抽出するとき，その標本平均 $\bar{X}$ について，次が成り立つ．
> $$E(\bar{X}) = \mu, \quad V(\bar{X}) = \frac{\sigma^2}{n}, \quad \sigma(\bar{X}) = \sqrt{\frac{\sigma^2}{n}}$$

証明

定理の上に述べたように，各 X_k について，$E(X_k) = \mu, V(X_k) = \sigma^2$ である．標本平均 $\bar{X}$ は $\bar{X} = \frac{1}{n}X_1 + \frac{1}{n}X_2 + \cdots + \frac{1}{n}X_n$ であるから，先の定理で，$a_k = \frac{1}{n}$ として作られた確率変数である．よって，$E(\bar{X}) = \frac{1}{n}E(X_1) + \frac{1}{n}E(X_2) + \cdots + \frac{1}{n}E(X_n) = \frac{1}{n}\mu + \frac{1}{n}\mu + \cdots + \frac{1}{n}\mu = \mu$ である．また，各 X_k は互いに独立だから，$V(\bar{X}) = \left(\frac{1}{n}\right)^2 V(X_1) + \left(\frac{1}{n}\right)^2 V(X_2) + \cdots + \left(\frac{1}{n}\right)^2 V(X_n) = \left(\frac{1}{n}\right)^2 \sigma^2 + \left(\frac{1}{n}\right)^2 \sigma^2 + \cdots + \left(\frac{1}{n}\right)^2 \sigma^2) = n \cdot \frac{1}{n^2}\sigma^2 = \frac{\sigma^2}{n}$ であり，$\sigma(\bar{X}) = \sqrt{V(\bar{X})} = \sqrt{\frac{\sigma^2}{n}}$ である．

一般に，非復元抽出の場合は，$E(\bar{X}) = \mu, V(\bar{X}) = \frac{N-n}{N-1} \cdot \frac{\sigma^2}{n}$ が成り立つことが知られている．ここで N は母集団の大きさである．

例 5.4.

母集団分布が二項分布 $B\left(50, \frac{1}{3}\right)$ である母集団から，大きさ 30 の標本を復元抽出したとき，その標本平均 $\bar{X}$ について，期待値 $E(\bar{X})$ と分散 $V(\bar{X})$ を求めなさい．

解答

母平均は $\mu = 50 \cdot \frac{1}{3} = \frac{50}{3}$，母分散は $\sigma^2 = 50 \cdot \frac{1}{3} \cdot \left(1 - \frac{2}{3}\right) = \frac{100}{9}$ である．

よって，大きさ30の標本平均については，$E(\bar{X}) = \mu = \frac{50}{3}, V(\bar{X}) = \frac{\sigma^2}{n} = \frac{10}{27}$
である． □

練習問題 5.4.

次の各問いの抽出で，標本平均 $\bar{X}$ の期待値 $E(\bar{X})$ と分散 $V(\bar{X})$ を求めなさい．ただし，抽出は復元抽出とする．

(1) 母集団分布が $\lambda = 5$ のポアソン分布である母集団から，大きさ 100 の標本を抽出．

(2) 母集団分布が確率密度関数 $f(x) = \frac{1}{30}, \{0 \leq x \leq 30\}$ の一様分布である母集団から，大きさ 10 の標本を抽出．

(3) 母集団分布が正規分布 $N(170, 6^2)$ である母集団から，大きさ 100 の標本を抽出．

5.4 標本平均の分布

> 標本平均 $\bar{X}$ の確率分布についての定理（証明は割愛）

母集団が正規分布のときの標本平均の分布

母集団から復元抽出で得られた標本平均 $\bar{X}$ について，（母集団分布はわからなくても）母平均や母分散がわかっていれば，先の定理から，$\bar{X}$ の期待値や分散は計算できることはわかった．では，母集団分布がわかっていれば，$\bar{X}$ の確率分布もわかるのであろうか．答えはノーである．一般に標本平均の確率分布は母集団分布とは異なる．たとえば，母集団分布が二項分布であったとしても，$\bar{X}$ の確率分布が二項分布になるとは限らない．しかし，正規分布の場合は，次が成り立つ．

5.4 標本平均の分布

定理 5.5 (正規分布の標本平均).
母集団分布が正規分布 $N(\mu, \sigma^2)$ である母集団から復元抽出された大きさ n の標本の標本平均 $\bar{X}$ は，正規分布 $N\left(\mu, \frac{\sigma^2}{n}\right)$ に従う．よって，$Z = \frac{\bar{X} - \mu}{\sqrt{\frac{\sigma^2}{n}}}$ は標準正規分布 $Z(0, 1)$ に従う．

中心極限定理

上述のように，母集団分布が正規分布以外の分布の場合は，たとえそれがわかっていても，標本平均 $\bar{X}$ の分布はわからない．ところが，実は，中心極限定理と呼ばれる次の定理が成り立つことが知られている．

定理 5.6 (中心極限定理).

- 確率変数 $X_1, X_2, \cdots, X_n$ が互いに独立で，すべて有限な期待値 μ，分散 σ^2 を持つ同一の確率分布に従うとき，$\bar{X}$ の確率分布は正規分布 $N\left(\mu, \frac{\sigma^2}{n}\right)$ で近似される．そして，n が大きいほど近似の程度がよくなる．
- とくに母平均 μ，母分散 σ^2 が有限値である母集団（正規分布とは限らない）から，復元抽出された大きさ n の標本の標本平均 $\bar{X}$ は，正規分布 $N\left(\mu, \frac{\sigma^2}{n}\right)$ で近似される．

この定理は，母集団分布がどんな分布であっても，（二項分布であっても，一様分布であっても，あるいは分布がわかっていなくても，）標本平均 $\bar{X}$ は正規分布で近似できるということを意味している．つまり，標本の大きさ n が大きいときは，標本平均 $\bar{X}$ の分布は正規分布に従うとみなしてよいのである．しかも，n が大きいので，分散（散らばり具合）$\frac{\sigma^2}{n}$ は小さくなる．

現実に，実用でこの定理が適用できる標本の大きさ n の目安は，母集団分布が（その平均に関して），ほぼ対称な場合は $n \leq 30$，非対称な場合は $n \leq 50$ である．

■ 中心極限定理の応用

例 5.5.

ある食品会社で製造している製品は，1 箱の中に含まれるお菓子の個数の平均が 52 個，分散が 3.3^2 であることが知られている．この製品から，100 個の標本を抽出するとき，その標本平均 $\bar{X}$ が 52.5 個より多くなる確率を求めなさい．

解答

母平均は $\mu = 52$，母分散は $\sigma^2 = 3.3^2$ である．そして，標本の大きさ $n = 100$ は大きいので，中心極限定理より，標本平均 $\bar{X}$ は正規分布 $N\left(52, \frac{3.3^2}{100}\right)$ に従うとみなしてよい．このとき，$Z = \frac{\bar{X}-\mu}{\sqrt{\sigma^2/n}} = \frac{\bar{X}-52}{0.33}$ は $N(0,1)$ に従うから，求める確率は，標準正規分布表を用いて，$P(\bar{X} > 52.5) = P\left(\frac{\bar{X}-52}{0.33} > \frac{52.5-52}{0.33}\right) = P(Z > 1.52) = 0.5 - P(0 \leq Z \leq 1.52) = 0.5 - 0.4357 = 0.0643$．

練習問題 5.5.

次の各問いに答えなさい．

(1) あるピッチングマシンはボールを投げさせたとき，飛距離の平均が 152 m，分散が 15^2 であることが知られている．このマシンで 900 回投球させたとき，その飛距離の平均が 151 m 以上 153 m 以下になる確率を求めなさい．

(2) あるメーカーで生産されている電球の寿命時間は，平均 10000 時間，分散 100^2 時間であることが知られている．この電球を 400 個抜き出して検査したとき，その寿命時間の平均が 9990 時間以下である確率を求めなさい．

5.5 標本比率

> 比率を調べること

■ 二項母集団，標本比率

　たとえば，ある工場で大量に製造されている製品の中に含まれる不良品の比率を p とする（すなわち，全製品の個数が N 個で，その中の不良品の個数が K 個のとき，$p = \frac{K}{N}$）．このとき，全製品の中から取り出した 1 個の製品が，不良品である確率は p であり，正常品である確率は $1 - p (= q)$ である．ところで，このことを「$P(事象) = 確率$」の形式で表すと，$P(取り出した 1 個の製品が不良品) = p$，$P(取り出した 1 個の製品が正常品) = q$ となるが，事象が文章なので扱いにくい．そこで，これを扱いやすくするために，次のように数式化して扱う．各製品について，それが不良品ならば数値 1 を，正常品ならば数値 0 を対応させ，全製品の中から 1 個の製品を取り出したとき，その対応した数値（1 か 0）を X とすると，X は確率変数となり，取り出した 1 個が不良品であるという確率は $P(X = 1) = p$，正常品である確率は $P(X = 0) = q$ と数式で表せることになる．また，このように表したときの別の利点として，対応した数値（1 か 0）を全製品について和をとると，この和の値が全製品中の不良品の個数に一致することになる．

　このように，対象がある特性を持つもの（不良品）と，そうでないもの（正常品）の集まりのとき，特性を持つものの比率（全製品に含まれる不良品の比率）を p とする．また，特性を持つものに数値 1 を，そうでないものならば数値 0 を対応させ，母集団から 1 つの標本を抽出したとき，その数値を X とすると，X は値 1 か 0 をとる確率変数となり，標本が特性を持つ確率は $P(X = 1) = p$，そうでない確率は $P(X = 0) = q$ と表せる．ここで，対象に数値 1 か 0 を対応させた時点で，母集団は 1 か 0 の数値の集まりとなってしまうことを注意しておく．そして，母集団に属する 1 か 0 の数値のすべての和が，特性を持つもの全部の個数と一致する．このようなことに関して，次の用語と定理がある．

定義 5.4 (二項母集団, 母比率, 標本比率).

母集団がある特性を持つものとそうでないものの集まりであるとき,

- 特性を持つものに数値 1 を, そうでないものに数値 0 を対応させ, 母集団を 1 か 0 の数値の集まりとみたものを**二項母集団**という.

つまり, 二項母集団は, 母集団の特別なものである.

- 二項母集団において, 特性を持つものの比率を**母比率**という.
- 母比率 p の二項母集団から抽出された大きさ n の標本 $X_1, X_2, \cdots, X_n$ の標本平均を**標本比率**といい, $\hat{P}$ で表す.

定理 5.7 (二項母集団, 母比率, 標本比率).

- 母比率 p の二項母集団では,
  - その母集団分布 (母集団から抽出した大きさ 1 の標本 X の確率分布) は, $P(X=1) = p, P(X=0) = q$ である.
  - X の期待値, 分散, 標準偏差 (すなわち母平均, 母分散, 母標準偏差) は, $\mu = E(X) = p, \sigma^2 = V(X) = pq, \sigma = \sqrt{V(X)} = \sqrt{pq}$ である.

証明

$E(X) = 1 \cdot p + 0 \cdot q = p$ であり, $V(X) = (1-p)^2 \cdot p + (0-p)^2 \cdot q = q^2 p + p^2 q = pq(p+q) = pq$ である. □

標本比率はあくまでも標本平均である．ただし，母集団が二項母集団のときの標本平均なのである．つまり，一般の母集団のとき，$\frac{1}{n}(X_1+X_2+\cdots+X_n)$ が標本平均であり，それを $\bar{X}$ で表したが，特別に，母集団が二項母集団のときには，$\frac{1}{n}(X_1+X_2+\cdots+X_n)$ を標本比率といい，$\hat{P}$ で表すのである．

標本比率 $\hat{P}\frac{1}{n}(X_1+X_2+\cdots+X_n)$ において，各 X_k は値 1 か 0 をとる確率変数で，その和 $X_1+X_2+\cdots+X_n$ は値 1 をとった X_k の個数，すなわち，n 個の標本の中で特性を持つものの個数を表す．よって，$\hat{P}$ は n 個の標本の中で特性を持つものの比率を表しており，したがって，標本比率と呼ぶのである．

■ 標本比率の分布

$X_1, X_2, \cdots, X_n$ が二項母集団からの標本のとき，各 X_k は値 1 か 0 をとるので，$W = X_1+X_2+\cdots+X_n$ は 0 から n の間の値をとる確率変数である．もし抽出が復元抽出ならば，W の確率分布は $P(W=k) = {}_nC_k p^k q^{n-k}$ だから，二項分布 $B(n,k)$ である．しかし，非復元抽出ならば，簡単な分布ではない．つまり，標本比率の $\hat{P} = \frac{W}{n}$ の分布は一般にはわからない．ただし，復元抽出の場合，$\hat{P}$ の平均，分散については，次がいえる．

定理 5.8 (標本比率の平均と分散).
母比率が p である二項母集団から復元抽出された大きさ n の標本比率 $\hat{P}$ について，$E(\hat{P}) = p, V(\hat{P}) = \frac{pq}{n}, \sigma(\hat{P}) = \sqrt{\frac{pq}{n}}$ が成り立つ．

証明

先に述べたように，二項母集団の母平均，母分散は $\mu = p, \sigma^2 = pq$ である．標本比率 $\hat{P}$ はあくまでも標本平均なので，定理（復元抽出の標本平均の期待値と分散）により，$E(\hat{P}) = \mu = p, V(\hat{P}) = \frac{\sigma^2}{n} = \frac{pq}{n}$ が成り立つ．

非復元抽出のときは $E(\hat{P}) = p, V(\hat{P}) = \frac{N-n}{N-1} \cdot \frac{pq}{n}$ であることが知られている.

例 5.6.

ある大都市では，1 年間 (365 日) のうち，146 日雨が降った．この大都市の住人から 60 人を復元抽出するとき，その人の誕生日に雨が降った人の標本比率の期待値と分散を求めなさい．

解答

雨の日に 1，そうでない日に 0 を対応させると，母比率 $p = \frac{146}{365} = \frac{2}{5}$ の二項母集団になる．そして，大都市の住人から 60 人を選び，誕生日を考えることは，365 日から 60 日を選ぶこととみなしてよいから，結局，母比率 $p = \frac{2}{5}$ の二項母集団から抽出された大きさ 60 の標本比率の期待値と分散を求めればよい．よって，$E(\hat{P}) = p = \frac{2}{5}, V(\hat{P}) = \frac{pq}{n} = \frac{\frac{2}{5}\left(1-\frac{2}{5}\right)}{60} = \frac{1}{250}$ である．

練習問題 5.6.

次の各問いに答えなさい.

(1) 男子学生 700 人，女子学生 300 人の学校で，100 人の学生を復元抽出したとき，抽出された男子学生の標本比率の期待値と分散を求めなさい．

(2) 240 個の大豆と 360 個の小豆を袋の中に入れ，よく混ぜて 100 個を毎回元に戻しながら 1 個ずつ取り出したとき，抽出された大豆の標本比率の期待値と分散を求めなさい．

前述したように，標本比率 $\hat{P}$ の分布は二項分布ではない．しかし，n が大きいときは，中心極限定理により，復元抽出された標本の標本平均 $\bar{X}$ は正規分布 $N(\mu, \frac{\sigma^2}{n})$ に従うとみなしてよいから，標本平均の一種である標本比率 $\hat{P}$ も，n が大きいときは，正規分布 $N(p, \frac{pq}{n})$ に従うとみなしてよい．

例 5.7.

前例で，60 人のうち誕生日に雨が降った人の標本比率が $\frac{1}{3}$ 以下である確率を求めなさい．

解答

$n = 60$ は大きいので，$\hat{P}$ は $p = \frac{2}{5} = 0.4, \frac{pq}{n} = \frac{1}{250} = 0.004$ の正規分布 $N(0.4, 0.004)$ に従うとみなしてよく，その標準化 $Z = \frac{\hat{P}-p}{\sqrt{\frac{pq}{n}}} = \frac{\hat{P}-0.4}{\sqrt{0.004}}$ は $N(0,1)$ に従うとしてよい．よって，$P(\hat{P} \leq \frac{1}{3}) = P\left(\frac{\hat{P}-0.4}{\sqrt{0.004}} \leq \frac{\frac{1}{3}-0.4}{\sqrt{0.004}}\right) = P(Z \leq -1.05) = 0.5 - P(0 \leq Z < 1.05) = 0.5 - 0.3531 = 0.1469$ である．

練習問題 5.7.

次の各問いにおける確率を答えなさい．

(1) 練習問題 5.6(1) で，抽出した 100 人の中で男子学生の比率が $\frac{3}{5}$ 以上 $\frac{4}{5}$ 以下である確率．

(2) 練習問題 5.6(2) で，復元抽出した 100 個のうち大豆の比率が 0.5 以上である確率．

まとめ

- 母集団分布 $\cdots$ 母集団から抽出した **1 個の標本** X の分布
- 標本平均 $\cdots$ 母集団から復元抽出した n 個の標本 $X_1, X_2, \cdots, X_n$ から作った確率変数 $\bar{X} = \frac{1}{n}\sum_{k=1}^{n} X_k$
- 母平均 μ，母分散 σ^2 $\cdots$ 母集団分布の期待値 $\mu = E(X)$，分散 $\sigma^2 = V(X)$
- 母比率 p，標本比率 $\hat{P}$ $\cdots$ 母集団が**二項母集団**であるときの母平均 $p = \mu$，標本平均 $\hat{P} = \bar{X}$
- 標本平均 $\bar{X}$，（標本比率 $\hat{P}$）の分布
  - 母集団分布が母平均 μ，母分散 σ^2 の**一般**の分布のとき，$E(\bar{X}) = \mu, V(\bar{X}) = \sigma^2$

- 母集団が母比率 p の二項母集団のとき，$E(\hat{P}) = p, V(\hat{P}) = \frac{pq}{n}$
- 母集団分布が正規分布 $N(\mu, \sigma^2)$ に従うとき，$\bar{X}$ は正規分布 $N\left(\mu, \frac{\sigma^2}{n}\right)$ に従う．
- 中心極限定理：n が大きいならば，
- 母集団分布が母平均 μ，母分散 σ^2 の**一般**の分布のとき，$\bar{X}$ の分布は $N\left(\mu, \frac{\sigma^2}{n}\right)$ で近似できる．
- 母集団が母比率 p の二項母集団のとき，$\hat{P}$ の分布は $N(p, \frac{pq}{n})$ で近似できる．

標本平均以外の統計量の分布（標本分布）について

前節末で述べたように，次が成り立つ．

- 確率変数 $Z_1, Z_2, \cdots, Z_m$ が互いに独立で，いずれも標準正規分布 $N(0,1)$ に従うとき，$X = Z_1^2 + Z_2^2 + \cdots + Z_m^2$ は自由度 m のカイ2乗分布に従う．（つまり $N(0,1)$ に従う m 個の独立な確率変数の2乗の和は自由度 m のカイ2乗分布に従う）．

- 確率変数 Z が標準正規分布 $N(0,1)$ に従い，X が自由度 m のカイ2乗分布に従い，互いに独立のとき，$T = \frac{Z}{\sqrt{\frac{X}{m}}}$ は自由度 m の t 分布に従う．

さて，母集団分布が $N(\mu, \sigma^2)$ である母集団から復元抽出された大きさ n の標本 $X_1, X_2, \cdots, X_n$ に対して，各 X_k は $N(\mu, \sigma^2)$ に従うから，X_k の標準化 $Z_k = \frac{X_k - \mu}{\sigma}$ は $N(0,1)$ に従う．（よって，$X = Z_1^2 + Z_2^2 + \cdots + Z_n^2$ は自由度 n のカイ2乗分布に従う）．また，標本平均 $\bar{X}$ は $N\left(\mu, \frac{\sigma^2}{n}\right)$ に従うから $\bar{X}$ の標準化 $Z = \frac{\bar{X} - \mu}{\sqrt{\frac{\sigma^2}{n}}}$ も $N(0,1)$ に従う．

ところで，不偏分散 $U^2 = \frac{1}{n-1} \sum_{k=1}^{n} \left(X_k - \bar{X}\right)^2$ の式を書き直すと，$(n-1)\frac{U^2}{\sigma^2} = \frac{1}{\sigma^2} \sum (X_k - \bar{X})^2 = \frac{1}{\sigma^2} \sum (X_k - \mu + \mu - \bar{X})^2 = \frac{1}{\sigma^2} \sum \{(X_k - \mu)^2 + 2(X_k - \mu)(\mu - \bar{X}) + (\mu - \bar{X})^2\} = \sum \left(\frac{X_k - \mu}{\sigma}\right)^2 - \frac{2}{\sigma^2}(\bar{X} - \mu) \sum (X_k - \mu) + \frac{n}{\sigma^2}(\bar{X} - \mu)^2 = \sum Z_k^2 - \frac{2}{\sigma^2}(\bar{X} - \mu)(n\bar{X} - n\mu) + \frac{n}{\sigma^2}(\bar{X} - \mu)^2 = \sum Z_k^2 - \frac{n}{\sigma^2}(\bar{X} - \mu)^2 = \sum Z_k^2 - \left(\frac{\bar{X} - \mu}{\sqrt{\sigma^2/n}}\right)^2 = \sum Z_k^2 - Z^2$ となる．ここで，Z_k および Z は $N(0,1)$

に従うから，右辺は合計で $n-1$ 個の $N(0,1)$ に従う確率変数の2乗の和である．よって，$X = (n-1)\frac{U^2}{\sigma^2}$ は自由度 $n-1$ のカイ2乗分布に従うとみなしてよい．よって，$T = \frac{Z}{\sqrt{\frac{X}{n-1}}}$ は自由度 $n-1$ の t 分布に従う．

大数の法則

ここで，統計学で中心極限定理と並んで重要な役割を持つ**大数の法則**という法則を説明しておこう．

定理 5.9 (大数の法則)．
母平均が μ である母集団から大きさ n の標本を抽出するとき，その標本平均 $\bar{X}$ は，n が大きくなるに従って，母平均 μ の近くに集中して分布する．

証明

母平均が μ，母分散が σ^2 である母集団から抽出された n 個の標本の標本平均 $\bar{X}$ は，中心極限定理から，n が大きくなるとき，近似的に正規分布 $N\left(\mu, \frac{\sigma^2}{n}\right)$ に従う．このとき，n を限りなく大きくしていくと，標準偏差（すなわち平均（期待値）からの散らばり具合）$\sqrt{\frac{\sigma^2}{n}}$ は限りなく0に近づくから，$\bar{X}$ は μ の近くに限りなく集中して分布するようになる．（実は，この大数の法則は，中心極限定理と独立に証明される法則である）．

たとえば，次は経験的に当然と思っている事実であるが，大数の法則からそれを示すことができる．

- 事象 A が起こる確率が p である独立試行を n 回行ったとき，A の起こった回数を Y とすると，A の起こる相対度数 $\frac{Y}{n}$ は，n が大きくなっていくとき，p に近づく．

証明

A の起こったときに1，そうでないときに0を対応させると，母集団は母比率 p の二項母集団になる．k 回目の試行で対応した数値を X_k とすると，

$Y = X_1 + X_2 + \cdots + X_n$ であり，A の起こる相対度数 $\frac{Y}{n}$ は標本比率 $\hat{P}$ と一致する．このとき，$\hat{P}$ の分布は，平均（期待値）p，分散 $\frac{p(1-p)}{n}$ である．したがって，標本標準偏差 $\sqrt{\frac{p(1-p)}{n}}$ は n が大きくなっていくとき，0 に近づいて行くから，相対度数 $\frac{Y}{n} = \hat{P}$ は平均（期待値）p に近づいていく．

例

同じ大きさの白玉 3000 個，黒玉 2000 個の入った袋がある．よくかき混ぜて 1 個を取り出すとき，白玉が出る確率は $p = \frac{3000}{5000}$ である．では，袋の中身の個数がわかっていない場合はどうすればよいかというと，よくかき混ぜて 1 個を取り出すことを繰り返し行うしかないであろう．これを n 回繰り返した結果，白玉が出た回数を y とすると，実際の実験により，相対度数 $\frac{y}{n}$ が p に近づいていくことがわかる．これを白玉の出る確率と定義してもよい．（これを**経験的確率**という）．

第6章 推定

6.1 推定概説
6.2 点推定
6.3 区間推定の注意事項
6.4 母平均の区間推定
6.5 母比率の区間推定
6.6 分散の区間推定

6.1 推定概説

> 推定について概説しよう

■ 推定概説

　前節はじめに述べたように，たとえば，18歳の日本人全員の身長の平均を求めようとしたとき，全員の身長を測定するのはかなりの労力と時間がかかるので，18歳の日本人から何人かを選び，身長を測定し，その平均から全員の平均を推し計ることが行われる．また，あるメーカーが製造している電球の寿命時間の調査のように，電球全部を調査することが完全に不可能なときは，いくつかを選び出し，その寿命時間の平均を求めて，全電球の平均を推し測ることが行われる．

　このように，ある対象の中からいくつかを選び出して，その調査結果から対象全体の平均や分散などを推測することがよく行われる．これらに関して，次の用語がある．

定義 6.1 (母数，推定).

- 母集団に関する値（たとえば，母平均，母分散など）を**母数**という．
- 母集団から抽出した標本をもとに，母数に関する情報を推し測ることを**推定**という．

　推定においては，その結果の表し方として，2通りの表し方がある．すなわち，推定した結果を，(1) 値で表す場合と，(2) 幅を持たせて表す場合である．たとえば，18歳の日本人から抽出した100人の身長の測定値の平均が172 cmであったとする．これから，18歳の日本人全員の身長の平均を推定するとき，

　(1) 18歳の日本人の身長の平均は172 cmであると表現する場合と，

(2) （たとえば）18歳の日本人の身長の平均は170 cmから174 cmの間にあると表す場合である．

定義 6.2 (点推定，区間推定).
母数そのものの値を推定することを**点推定**といい，幅を持たせて推定することを**区間推定**という．

推定においては，そのときの状況に応じて，推定の方法が異なることを注意しておく．たとえば，全体の平均（母平均）を推定するとき，母分散がわかっているときとわかっていないときでは推定の方法が異なる．また，標本の大きさ（抽出した個数）が大きいときと小さいときでも，推定の方法が異なる．

それでは，以下で，様々な状況に応じた推定の方法について述べていこう．

6.2 点推定

母数の点推定（値で推定）

■ 不偏推定量，有効推定量

たとえば，18歳の日本人から無作為抽出した100人の身長の測定値が $174, 168, \cdots, 173$ で，平均値が172 cmとする．これから18歳の日本人の身長の平均を点推定すると172 cmとなる．このとき，この172は $\frac{1}{100}(174+168+\cdots+173)$ によって計算している．これを公式的に書くと，抽出した n 人の身長を $X_1, X_2, \cdots, X_n$ とするとき，n 人の身長の平均は $\frac{1}{n}(X_1 + X_2 + \cdots + X_n)$ となる．そして，値172 cmは，この計算式に具体的な測定値（$X_1 = 174, X_2 = 168, \cdots, X_{100} = 173$ と $n = 100$）を代入したものである．このように，

- 母数を点推定するときの計算式（$X_1, X_2, \cdots, X_n$ の式）を**推定量**といい，推定量に具体的な数値を代入して得られる数値を**推定値**という．

> 上の身長の例の場合，推定量が $\frac{1}{n}(X_1 + X_2 + \cdots + X_n)$，推定値が $\frac{1}{100}(174 + 168 + \cdots + 173)$ である．

推定量があれば，抽出された標本の具体的な数値を代入して推定値が計算でき，点推定ができるが，同じ母数を推定するにしても，さまざまな推定量（計算式）が考えられる．そこで，よりよい推定をするためには，よりよい推定量を選択しなければならない．

では，よりよい推定量とはどのようなものであろうか．

いま，母数 θ（たとえば母平均ならば $\theta = \mu$，母分散ならば $\theta = \sigma^2$ など）の推定量を W とする．W は $X_1, X_2, \cdots, X_n$ の式だから確率変数であり，いろいろな値を取り得る．そして，この取り得る値が，なるだけ母数 θ の近くに集まるような W がよりよい推定量と考えることができる．そこで，取り得る値が θ の近くに集まるということに関して，ここでは 2 種類の基準を設定する．

- 基準 1（**不偏性**）：「$E(W) = \theta$ が成り立つ」．つまり，W の取り得る値の期待値 $E(W)$ が母数 θ と一致するならば，取り得る値は θ の近くに集まっていると考えてよい．
- 基準 2（**有効性**）：「$V(W)$ が小さい」．つまり，W の分散 $V(W)$（すなわち W の取り得る値の散らばり具合）が小さいならば，取り得る値は θ の近くに集まっていると考えてよい．

一般に，

- 母数 θ の推定量 W が，$E(W) = \theta$ を満たすとき**不偏推定量**という．また，$V(W)$ が母数 θ の他のどんな推定量の分散よりも小さいとき**有効推定量**という．

> 不偏推定量は基準 1 を満たすものであり，有効推定量は基準 2 を満たすものである．ただし，両方の基準を同時に満たす推定量があるとは限らない．もちろん，両方の基準を同時に満たす推定量は非常によい推定量と考えることができる．

■ 母平均，母分散の点推定

それでは，母数としてとくに母平均および母分散を推定するための推定量を考えてみよう．

母平均の推定量としては，まず，$\bar{X}$ が考えられるが，他にもっとよい推定量はないのであろうか．また，資料の整理における分散は $\frac{1}{n}\sum_{i=k}^{n}(x_k-\bar{x})^2$ であったから，母分散の推定量としては，$\frac{1}{n}\sum_{k=1}^{N}(X_k-\bar{X})^2$ が考えられるが，他にもっとよい推定量はないのであろうか．実は，次の定理が成り立つ．

定理 6.1 (母平均，母分散の点推定)．
母平均が μ で，母分散が σ^2 である一般の母集団から復元抽出した大きさ n の標本 $X_1, X_2, \cdots, X_n$ について，次が成り立つ．

- 標本平均 $\bar{X} = \frac{1}{n}\sum_{k=1}^{n} X_k$ は，母平均 μ の不偏推定量である．
- 不偏分散 $U^2 = \frac{1}{n-1}\sum_{k=1}^{n}\left(X_k-\bar{X}\right)^2$ は，母分散 σ の不偏推定量である．

証明

$E(\bar{X}) = \mu, E(U^2) = \sigma^2$ を示せばよい．まず，各 X_k は母集団分布に従うから，$E(X_k) = \mu, E\left((X_k-\mu)^2\right) = E(X_k^2) - 2\mu E(X_k) + \mu^2 = E(X_k^2) - \mu^2 = V(X_k) = \sigma^2$ が成り立つ．また前節の定理（標本平均の期待値と分散）より，$E(\bar{X}) = \mu, E\left((\bar{X}-\mu)^2\right) = E(\bar{X})^2 - \mu^2 = V(\bar{X}) = \frac{\sigma^2}{n}$ であった．

- この $E(\bar{X}) = \mu$ より，$\bar{X}$ は不偏推定量であることが示せた．
- $T = \sum_{k=1}^{n}\left(X_k - \bar{X}\right)^2$ とおくと，

$$T = \sum \left\{(X_k - \mu) + (\mu - \bar{X})\right\}^2$$
$$= \sum \left\{(X_k - \mu)^2 + 2(X_k - \mu)(\mu - \bar{X}) + (\mu - \bar{X})^2\right\}$$
$$= \sum (X_k - \mu)^2 - 2(\bar{X} - \mu)\sum (X_k - \mu) + \sum (\bar{X} - \mu)^2$$
$$= \sum (X_k - \mu)^2 - 2(\bar{X} - \mu)(n\bar{X} - n\mu) + n(\bar{X} - \mu)^2$$

$$= \sum (X_k - \mu)^2 - n(\bar{X} - \mu)^2$$

より,

$$E(T) = E\left(\sum (X_k - \mu)^2 - n(\bar{X} - \mu)^2\right)$$
$$= \sum E\left((X_k - \mu)^2\right) - nE\left((\bar{X} - \mu)^2\right)$$
$$= \sum \sigma^2 - n \cdot \frac{\sigma^2}{n}$$
$$= n\sigma^2 - \sigma^2 = (n-1)\sigma^2$$

がいえる．これより

$$E(U^2) = E\left(\frac{1}{n-1}T\right) = \frac{1}{n-1}E(T) = \frac{(n-1)\sigma^2}{n-1} = \sigma^2$$

が成り立つ．

□

> この定理より，基準 1（不偏性）のレベルでは，母平均 μ の推定量としては標本平均 $\bar{X}$ がよりよい推定量であり，母分散 σ^2 の推定量としては不偏分散 U^2 がよりよい推定量であることがいえる．
>
> 分散の推定量として定理の上に述べた $\frac{1}{n}\sum_{k=1}^{n}\left(X_k - \bar{X}\right)^2$ は標本分散 S^2 であるが，これは $E(S^2) = \sigma^2$ とはならないから，基準 1 のレベルでは，よい推定量ではないのである．しかし，基準 2（有効性）のレベルで考えると，次の定理が成り立つことが知られている．

定理 6.2 (母平均，母分散の点推定)．

母集団分布が正規分布 $N(\mu, \sigma^2)$ である母集団から復元抽出した大きさ n の標本 $X_1, X_2, \cdots, X_n$ について，次が成り立つ．

- σ^2 が既知ならば，標本平均 $\bar{X}$ は，母平均 μ の有効推定量である．
- μ が既知ならば，S^2 は，母分散 σ^2 の有効推定量である．

この定理より，母集団が正規分布 $N(\mu, \sigma^2)$ に従うとき，基準 2（有効性）のレベルでは，σ^2 がわかっているならば，μ の推定量としては標本平均 $\bar{X}$ がよりよい推定量であり，μ がわかっているならば，σ^2 の推定量としては S^2 がよりよい推定量であることがいえる．

σ^2 の推定量としては，基準 1 のレベルでは不偏分散 U^2 がよりよい推定量であったが，基準 2 のレベルでは S^2 がよりよい推定量である．つまり，よりよい推定量は，基準の取り方によって違ってくる．

例 6.1.

ある工場で大量に製造している製品から，10 個の製品を復元抽出したときの製品の重さの測定値が，次の通りであった．

20.3, 19.8, 21.0, 20.1 20.5, 19.9, 20.2, 19.7, 20.5, 20.0

(1) すべての製品についての重さの平均および分散の不偏推定値を求めなさい．

(2) この製品の重さが正規分布 $N(20.0, \sigma^2)$ に従うことがわかっているとき，母分散 σ^2 の有効推定値を求めなさい．

解答

(1) 重さの平均の不偏推定量は $\bar{X} = \sum_{k=1}^{n} X_k$, 分散の不偏推定量は $U^2 = \frac{1}{n-1} \sum_{k=1}^{n} (X_k - \bar{X})^2$ である. これに標本の測定値と標本の大きさ $n = 10$ を代入すると, 平均と分散の不偏推定値は, $\bar{x} = \frac{1}{10}(20.3 + 19.8 + 21.0 + 20.1 + 20.5 + 19.9 + 20.2 + 19.7 + 20.5 + 20.0) = 20.2$ と $u^2 = \frac{1}{9}(0.1^2 + 0.4^2 + 0.8^2 + 0.1^2 + 0.3^2 + 0.3^2 + 0^2 + 0.5^2 + 0.3^2 + 0.2^2) = 0.153$ である.

(2) 母集団分布が $N(20.0, \sigma^2)$ のとき, 母分散の有効推定量は $S^2 = \frac{1}{n} \sum_{k=1}^{n} (X_k - \mu)^2$ である. これに標本の測定値と標本の大きさ $n = 10$ を代入すると, 分散の有効推定値は, $s^2 = \frac{1}{10}(0.3^2 + 0.2^2 + 1.0^2 + 0.1^2 + 0.5^2 + 0.1^2 + 0.2^2 + 0.3^2 + 0.5^2 + 0^2) = 0.178$ である.

練習問題 6.1.

ある農地で栽培している長ネギを 20 本選び, 長さを測ったら, 次の通りであった.

30, 35, 33, 29, 33, 28, 32, 31, 34, 35, 30, 31, 32, 38, 29, 35, 35, 32, 30, 28

(1) この農地で栽培している長ネギの長さの平均と分散の不偏推定値を求めなさい.
(2) この農地の長ネギの長さは正規分布 $N(35, \sigma^2)$ に従うことがわかっているとき, σ^2 の有効推定値を求めなさい.

一致推定量

よりよい推定量の基準として, 基準 1, 基準 2 の以外にも他の基準がある. 推定量は, 一般に標本の大きさ n に関係した確率変数である. この確率変数の取り得る値が, 標本を多くとればとるほど母数の近くに集まれば (つまり, 母数 θ の推定量 W が値 θ の近くの値をとる確率が, n が大きくなるにともない 1 に近づくならば), 推定量は別の意味でよい推定量であるとみなせる (基準 3).

- 大きさ n の標本から作った母数 θ の推定量 W_n が, 任意の正の数 ε に対して $\lim_{n\to+\infty} P(|W_n - \theta| < \varepsilon) = 0$ を満たすとき**一致推定量**という.
- $X_1, X_2, \cdots, X_n$ を任意の母集団からの標本とするとき, 次のことが知られている.
  - 標本平均 $\bar{X}$ は母平均の一致推定量である.
  - 標本分散 S^2 は母分散の一致推定量である.
  - 母集団が二項母集団のとき, 標本比率 $\hat{P}$ は母比率 p の一致推定量である.

結局, よりよい推定量としては, 次のことがいえる.
- 母平均 μ については, 標本平均 $\bar{X}$ が, 基準 1, 2, 3 のどれに関しても最もよい推定量である. (母集団が二項母集団のとき, 標本比率 $\hat{P}$ が母比率 p のよい推定量である).
- 母分散 σ^2 については,
  - 基準 1 に関しては, 不偏分散 U^2 がよい推定量である.
  - 基準 3 に関しては, 標本分散 S^2 がよい推定量である.
  - 母集団分布が母平均 μ が既知の正規分布 $N(\mu, \sigma^2)$ のときは, 基準 2 に関しては, S^2 がよい推定量である.

6.3 区間推定の注意事項

> 幅を持たせて母数を推定する区間推定について

■ 信頼度, 信頼区間

幅を持たせて母数を推定する区間推定においては, 2 つのことに注意しなければならない. 1 つは推定する区間の幅であり, もう 1 つはその推定の信頼性である.

たとえば，ある母数 θ を標本から点推定した推定値が x であったとしよう．これから θ を幅を持たせて推定しようとした場合，x の両側にどれだけの幅を持たせればよいのであろうか．また，幅を持たせて推定しても，それがはずれる（本当の値 θ が推定した区間の中に入らない）可能性もある．幅を持たせて推定したものがどれだけの信頼性があるのであろうか．このことを，例によって，少し詳しくみてみよう．

たとえば，18 歳の日本人から抽出した 100 人の身長の測定値の平均が 172 cm であったとする．そして，18 歳の日本人の身長は正規分布 $N(\mu, 5.2^2)$ に従うことがわかっていたとする（母平均 μ はわからないが，母分散は $\sigma^2 = 5.2^2$ であることがわかっていたとする）．このとき，100 人の標本平均 $\bar{X} = \frac{1}{100}\sum_{k=1}^{100} X_k$ は正規分布 $N\left(\mu, \frac{\sigma^2}{n}\right) = N\left(\mu, \frac{5.2^2}{100}\right)$ に従うから，その標準化 $Z = \frac{\bar{X}-\mu}{\sqrt{\frac{\sigma^2}{n}}} = \frac{\bar{X}-\mu}{\sqrt{\frac{5.2^2}{100}}}$ は標準正規分布 $N(0,1)$ に従う．さて，標準正規分布表より，$P(-1.96 \leq Z \leq 1.96) = 2 \times P(0 \leq Z \leq 1/96) = 0.95$ であり，$-1.96 \leq Z \leq 1.96 \Leftrightarrow -1.96 \leq \frac{\bar{X}-\mu}{\sqrt{\frac{5.2^2}{100}}} \leq 1.96 \Leftrightarrow -1.96\sqrt{\frac{5.2^2}{100}} \leq \bar{X}-\mu \leq 1.96\sqrt{\frac{5.2^2}{100}} \Leftrightarrow \bar{X} - 1.96\sqrt{\frac{5.2^2}{100}} \leq \mu \leq \bar{X} + 1.96\sqrt{\frac{5.2^2}{100}} \Leftrightarrow \bar{X} - 1.96 \times 0.52 \leq \mu \leq \bar{X} + 1.96 \times 0.52$ だから，$P\left(\bar{X} - 1.96 \times 0.52 \leq \mu \leq \bar{X} + 1.96 \times 0.52\right) = 0.95$ であることがわかる．すなわち，18 歳の日本人の身長の本当の平均 μ は，$\bar{X} - 1.96 \times 0.52$ から $\bar{X} + 1.96 \times 0.52$ の間に 95% の確率で入っていることがいえる．そして，$\bar{X}$ の実現値が $x = 172$ ならば，μ は，$172 - 1.96 \times 0.52 = 170.98$ から $172 + 1.96 \times 0.52 = 173.02$ の間，すなわち，区間 $170.98 \leq \mu \leq 173.02$ の間に 95 の確率で入っていると言ってよいことになる．この例においては，推定の区間は $170.98 \leq \mu \leq 173.02$ であり，信頼性は 95% である．

6.3 区間推定の注意事項

定義 6.3 (信頼度, 信頼区間).
母集団から抽出された標本 $X_1, X_2, \cdots, X_n$ をもとに，幅を持たせてある母数 θ を区間推定するとき，$X_1, X_2, \cdots, X_n$ から作られる 2 つの統計量 ($X_1, X_2, \cdots, X_n$ の式) W_1, W_2 で，$P(W_1 \leq \theta \leq W_2) = 1 - \alpha$ が成り立っているとする．このとき，

- $100(1-\alpha)\%$ をこの区間推定の**信頼度**という．
- W_1, W_2 に標本の実際の値 $x_1, x_2, \cdots, x_n$ を代入して得られる数値を w_1, w_2 としたとき，区間 $w_1 \leq \theta \leq w_2$ を，$100(1-\alpha)\%$ **信頼区間**という．

先の例では，$W_1 = \bar{X} - 1.96\sqrt{\frac{5.2^2}{100}}, W_2 = \bar{X} + 1.96\sqrt{\frac{5.2^2}{100}}, \alpha = 0.05$ であり，信頼度は $100(1 - 0.05) = 95\%$ であり，信頼区間は $170.98 \leq \mu \leq 173.02$ である．

通常，α は 0.05 または 0.01 に設定する．すなわち，信頼度は 95% または 99% に設定する．そして，信頼区間は，信頼度と確率分布（および標本の実現値）から逆算して求めることになる．

一般に，信頼度を上げると，信頼区間は広くなる．たとえば，上記の例を信頼度 99% で区間推定すると，標準正規分布表より $P(-2.575 \leq Z \leq 2.575) = 2 \times 0.495 = 0.99$ だから，信頼区間は $172 - 2.575\sqrt{\frac{5.2^2}{100}} \leq \mu \leq 172 - 2.575\sqrt{\frac{5.2^2}{100}}$ すなわち $170.66 \leq \mu \leq 173.34$ となる．

信頼度 95% の正確な意味は，同じ区間推定を 100 回行ったとき，100 個の信頼区間が得られるが，確率的に，このうちの 95 個の信頼区間は本当の母数を含んでいるということを意味している．

6.4 母平均の区間推定

> 母平均 μ の区間推定をさまざまな状況で行ってみよう

■ 母平均の区間推定

[その1] 母集団分布が $N(\mu, \sigma^2)$ で，母分散 σ^2 が既知の場合

上記の母集団から復元抽出した大きさ n の標本の標本平均 $\bar{X}$ は $N(\mu, \frac{\sigma^2}{n})$ に従い，したがって，その標準化 $Z = \frac{\bar{X}-\mu}{\sqrt{\sigma^2/n}}$ は $N(0,1)$ に従うことを利用する．また，$P(-1.96 \leq Z \leq 1.96) = 0.95, P(-2.575 \leq Z \leq 2.575) = 0.99$ であることを注意しておく．

例 6.2.

母集団分布が $N(\mu, 2)$ である母集団から，大きさ 50 の標本を復元抽出したとき，その標本の平均値が 30 であった．μ を信頼度 99% で区間推定しなさい（信頼度 99%の信頼区間を求めなさい）．

解答

$n = 50$ であり，$\sigma^2 = 2$ とおくと，標本平均 $\bar{X}$ は $N\left(\mu, \frac{\sigma^2}{n}\right)$ に従い，したがって，その標準化 $Z = \frac{\bar{X}-\mu}{\sqrt{\frac{\sigma^2}{n}}}$ は $N(0,1)$ に従う．そして，$c = 2.575$ とおくと，$P(-c \leq Z \leq c) = 0.99$ である．このとき，$-c \leq Z \leq c \Leftrightarrow -c \leq \frac{\bar{X}-\mu}{\sqrt{\frac{\sigma^2}{n}}} \leq c \Leftrightarrow -c\sqrt{\frac{\sigma^2}{n}} \leq \bar{X} - \mu \leq c\sqrt{\frac{\sigma^2}{n}} \Leftrightarrow \bar{X} - c\sqrt{\frac{\sigma^2}{n}} \leq \mu \leq \bar{X} + c\sqrt{\frac{\sigma^2}{n}} \Leftrightarrow \bar{X} - 2.575\sqrt{\frac{2}{50}} \leq \mu \leq \bar{X} + 2.575\sqrt{\frac{2}{50}} \Leftrightarrow \bar{X} - 0.515 \leq \mu \leq \bar{X} + 0.515$ だから，これに $\bar{X}$ の実現値 $\bar{x} = 30$ を代入して，求める信頼区間は $30 - 0.515 \leq \mu \leq 30 + 0.515$ すなわち $29.485 \leq \mu \leq 30.515$ となる．

練習問題 6.2.

次の各問いで，信頼度 95% および 99% で，母平均 μ を区間推定しなさい．

(1) 母集団分布が $N(\mu, 5)$ である母集団から，大きさ 45 の標本を復元抽出したとき，その標本の平均値が 123 であった．

(2) 母集団分布が $N(\mu, \sigma^2)$ で，母分散 σ が既知である母集団から，大きさ n の標本を復元抽出したとき，その標本の平均値が $\bar{x}$ であった．

[その 2] **母集団分布が $N(\mu, \sigma^2)$ で，母分散 σ^2 が不明の場合**

上記の母集団から復元抽出した大きさ n の標本の標本平均 $\bar{X}$ の標準化 $Z = \frac{\bar{X}-\mu}{\sqrt{\sigma^2/n}}$ が $N(0,1)$ に従うことは，先の [その 1] の場合と同様であるが，ここでは σ^2 が不明なので，[その 1] の場合と同じように区間推定することができない．しかし，次のことが知られている．（前節 6.2 参照）

- $N(\mu, \sigma^2)$ から復元抽出した標本 $X_1, X_2, \cdots, X_n$ の，標本平均を $\bar{X}$ とし，不偏分散を $U^2 = \frac{1}{n-1} \sum_{k=1}^{n} (X_k - \bar{X})^2$ とするとき，$T = \frac{\bar{X}-\mu}{\sqrt{U^2/n}}$ は自由度 $n-1$ の t 分布に従う．

- $\alpha = 0.05$ および $\alpha = 0.01$ のとき，$P(-t_{n-1}(\alpha) \leq T \leq t_{n-1}(\alpha)) = 1 - \alpha$ を満たす $t_n(\alpha)$ の値は次の表の通りである．

$n-1$	$t_{n-1}(0.05)$	$t_{n-1}(0.01)$	$n-1$	$t_{n-1}(0.05)$	$t_{n-1}(0.01)$	$n-1$	$t_{n-1}(0.05)$	$t_{n-1}(0.01)$
1	12.706	63.657	11	2.201	3.106	21	2.080	2.831
2	4.303	9.925	12	2.179	3.055	22	2.074	2.819
3	3.182	5.841	13	2.160	3.012	23	2.069	2.807
4	2.776	4.604	14	2.145	2.977	24	2.064	2.797
5	2.571	4.032	15	2.131	2.947	25	2.060	2.787
6	2.447	3.707	16	2.120	2.921	26	2.056	2.779
7	2.365	3.499	17	2.110	2.898	27	2.052	2.771
8	2.306	3.355	18	2.101	2.878	28	2.048	2.763
9	2.262	3.250	19	2.093	2.861	29	2.045	2.756
10	2.228	3.169	20	2.086	2.845	30	2.042	2.750

> たとえば，自由度 9 のとき，$P(-2.262 \leq T \leq 2.262) = 0.95, P(-3.250 \leq T \leq 3.250) = 0.99$ である．
>
> $\alpha = 0.05, 0.01$ 以外の α に対する $t_n(\alpha)$ の一覧表として，t 分布表がある．
>
> t 分布が重要な役割を果たすのは，σ^2 が不明で，n が小さい場合である．n が大きいときには，T は正規分布 $N\left(\mu, \frac{\sigma^2}{n}\right)$ に従うとみなしてよいことが知られている．

例 6.3.

母集団分布が $N(\mu, \sigma^2)$ である母集団から，大きさ 16 の標本を復元抽出したとき，標本の平均値が 30，不偏分散値が $u^2 = 2^2$ であった．信頼度 95% および 99% で，μ を区間推定しなさい．

解答

$n = 16$ であり，$T = \frac{\bar{X} - \mu}{\sqrt{\frac{U^2}{n}}}$ は自由度 $16 - 1 = 15$ の t 分布に従う．

95% の場合：$t_{15}(0.05) = 2.131$ より $c = 2.131$ とおくと $P(-c \leq T \leq c) = 0.95$ である．このとき，$-c \leq T \leq c \Leftrightarrow -c \leq \frac{\bar{X} - \mu}{\sqrt{\frac{U^2}{n}}} \leq c \Leftrightarrow -c\sqrt{\frac{U^2}{n}} \leq \bar{X} - \mu \leq c\sqrt{\frac{U^2}{n}} \Leftrightarrow \bar{X} - c\sqrt{\frac{U^2}{n}} \leq \mu \leq \bar{X} + c\sqrt{\frac{U^2}{n}}$ だから，これに $n = 16, c = 2.131$ と $\bar{X}, U^2$ の実現値 $\bar{x} = 30, u^2 = 2^2$ を代入して，求める信頼区間は $30 - 1.0655 \leq \mu \leq 30 + 1.0655$ すなわち $28.9345 \leq \mu \leq 31.0655$ となる．

99% の場合：$t_{15}(0.01) = 2.947$ より $c = 2.947$ とおくと 95% の場合と同様にして，$-c \leq T \leq c \Leftrightarrow \bar{X} - c\sqrt{\frac{U^2}{n}} \leq \mu \leq \bar{X} + c\sqrt{\frac{U^2}{n}}$ である．これに $n = 16, c = 2.947, \bar{x} = 30, u^2 = 2^2$ を代入して，求める信頼区間は $30 - 1.4735 \leq \mu \leq 30 + 1.4735$ すなわち $28.5265 \leq \mu \leq 31.4735$ となる．

練習問題 6.3.

次の各問いに答えなさい．

(1) 18 歳の日本人の身長は正規分布に従うとする．18 歳の日本人 10 人の身長を測定したときの測定値の平均が 172 で，不偏分散の値が 22.5 であっ

た．信頼度 95% および 99% で，18 歳の日本人全員の身長の平均を区間推定しなさい．
(2) 母集団分布が $N(\mu, \sigma^2)$ である母集団から，大きさ 9 の標本を復元抽出したとき，その標本の平均値が $\bar{x}$ で，不偏分散の値が u^2 であった．信頼度 95% および 99% で，μ を区間推定しなさい．

［その 3］母集団分布は不明だが，標本の大きさ n が大きい場合

上記［その 1］，［その 2］は，母集団分布が正規分布であることがわかっている場合だったが，ここで考えるのは，母集団分布がどのような分布かわかっていない（したがって，母平均も母分散も不明）の場合である．しかし，標本の大きさ n は大きいとする．

このような場合，中心極限定理から，標本平均 $\bar{X}$ の分布は正規分布 $N\left(\mu, \frac{\sigma^2}{n}\right)$ で近似できる．また，不偏分散の値 U^2 は母分散 σ^2 のよりよい推定値である．したがって，$\bar{X}$ の分布は $N\left(\mu, \frac{u^2}{n}\right)$ で近似できる．これより，$\bar{X}$ の標準化 $Z = \frac{\bar{X} - \mu}{\sqrt{\frac{u^2}{n}}}$ は $N(0,1)$ に従うとみなしてよいことになり，［その 1］と同様の方法で区間推定ができる．

例 6.4.

ある農園で栽培されているブドウを 100 房収穫したところ，1 房についているブドウの実の数の平均値は 30 粒で，不偏分散の値が 25 であった．この農園のブドウ全体で，1 房についている実の数を信頼度 95% で区間推定しなさい．

解答

$n = 100$ は大きいので，中心極限定理より，$\bar{X}$ は $N\left(\mu, \frac{u^2}{n}\right)$ に従い，従って $Z = \frac{\bar{X} - \mu}{\sqrt{\frac{u^2}{n}}}$ は $N(0,1)$ に従うとみなしてよい．そして，$c = 1.96$ とおくと $P(-c \leq Z \leq c) = 0/95$ であり，$-c \leq Z \leq c \Leftrightarrow -c \leq \frac{\bar{X} - \mu}{\sqrt{\frac{u^2}{n}}} \leq c \Leftrightarrow \bar{X} - c\sqrt{\frac{u^2}{n}} \leq \mu \leq \bar{X} + c\sqrt{\frac{u^2}{n}}$ だから，これに $n = 100, u^2 = 25, c = 1.96$ およ

び $\bar{X}$ の実現値 $\bar{x} = 30$ を代入して，求める信頼区間は $30 - 0.98 \leq \mu \leq 30 + 0.98$ すなわち $29.02 \leq \mu \leq 30.98$ となる．

練習問題 6.4.
　ある図書館にある本を 100 冊取り出してページ数を調べたところ，その平均値が 240 ページ，不偏分散の値が 30^2 であった．この図書館のすべての蔵書のページ数の平均値を信頼度 95% で区間推定しなさい．

6.5　母比率の区間推定

> **母比率 p の区間推定について**

■ 母比率の区間推定

　前節の標本比率で述べたように，母集団が二項母集団で，母集団および標本の大きさ n が大きいときは，標本比率 $\hat{P}$ は正規分布 $N\left(p, \frac{pq}{n}\right), (q = 1-p)$ に従い，その標準化 $Z = \frac{\hat{P}-p}{\sqrt{\frac{pq}{n}}}$ は $N(0, 1)$ に従うとみなしてよい．そこで，たとえば，信頼度 95% の信頼区間は，$-1.96 \leq Z \leq 1.96 \Leftrightarrow -c \leq \frac{\hat{P}-p}{\sqrt{\frac{pq}{n}}} \leq c \Leftrightarrow \hat{P} - c\sqrt{\frac{pq}{n}} \leq p \leq \hat{P} + c\sqrt{\frac{pq}{n}}$ としたいところであるが，これは不十分である．なぜなら，p を推定するのであるから p の値は不明で，信頼区間に含まれる式の $\sqrt{\frac{pq}{n}}$ の値が定まらないからである．しかし n が大きいときは，点推定の一致推定量で述べたように，標本比率 $\hat{P}$ は母比率 p のよりよい推定量であるから，$\sqrt{\frac{pq}{n}}$ の p を $\hat{P}$ で，q を $1-\hat{P}$ で置き換えて，信頼区間は $\hat{P} - c\sqrt{\frac{\hat{P}(1-\hat{P})}{n}} \leq p \leq \hat{P} + c\sqrt{\frac{\hat{P}(1-\hat{P})}{n}}$ であるとみなすことができる．

例 6.5.
　将棋の王将の駒を 100 回振ったら，10 回駒が立った．この駒を 1000 回振ったとき，駒が立つ回数を信頼度 95% で区間推定しなさい．

解答

まず，母比率 p を区間推定する．標本比率の値は $\hat{p} = \frac{10}{100} = 0.1$ である．このとき，$\sqrt{\frac{\hat{P}(1-\hat{P})}{n}} = \sqrt{\frac{0.1(1-0.1)}{100}} = 0.03$ であり，$P(-c \leq Z \leq c) = 0.95$ となるのは $c = 1.96$ だから，母比率 p の信頼区間は $-c \leq Z \leq c \Leftrightarrow \hat{P} - c\sqrt{\frac{\hat{P}(1-\hat{P})}{n}} \leq p \leq \hat{P} + c\sqrt{\frac{\hat{P}(1-\hat{P})}{n}} \Leftrightarrow 0.1 - 1.96 \times 0.03 \leq p \leq 0.1 + 1.96 \times 0.03$ すなわち $0.0412 \leq p \leq 0.1588$ となる．つまり，$P(0.0412 \leq p \leq 0.1588) = 0.95$ である．さて，1000回中駒が立つ回数を K 回とすると，駒が立つ母比率は $p = \frac{K}{1000}$ であるから，$P(0.0412 \leq \frac{K}{1000} \leq 0.1588) = 0.95 \Leftrightarrow P(41.2 \leq K \leq 158.8) = 0.95$ が成り立つ．よって，駒の立つ回数の信頼区間は $41 \leq K \leq 159$ となる．

練習問題 6.5.

次の各問いに答えなさい．

(1) 上の例の前に述べたことを参考にして，母比率の信頼度 99% の信頼区間を求めなさい．

(2) あるテレビ番組の視聴率を 400 世帯で調査したところ，80 世帯がこの番組を見ていた．このテレビ番組の視聴率の信頼度 99% の信頼区間を求めなさい．

(3) 20000 人の人が投票した選挙において，1000 票が開票された時点で，ある候補者の得票数が 360 票であった．開票が完了したときのこの候補者の得票数を信頼度 99% で区間推定しなさい．

$\sqrt{\frac{pq}{n}}$ の p を $\hat{P}$ で置き換えない信頼区間について

標本比率の 95% の信頼区間を求めるとき，$\sqrt{\frac{pq}{n}}$ の p を $\hat{P}$ で，q を $1 - \hat{P}$ で置き換えたが，これは，以下のように，置き換えないで正確に計算することもできる．$c = -1.96$ とおくとき，$-c \leq Z \leq c \Leftrightarrow |Z| \leq c \Leftrightarrow |Z|^2 \leq c^2 \Leftrightarrow \left|\frac{\hat{P}-p}{\sqrt{\frac{pq}{n}}}\right|^2 \leq c^2 \Leftrightarrow (\hat{P}-p)^2 \leq c^2 \frac{pq}{n} \Leftrightarrow n(\hat{P}^2 - 2\hat{P}p + p^2) \leq c^2 p(1-p) \Leftrightarrow (n+c^2)p^2 - (2n\hat{P} + c^2)p + n\hat{P}^2 \leq 0$ であり，この2次不等式を解く

と $\frac{(2n\hat{P}+c^2)-c\sqrt{c^2+4n\hat{P}(1-\hat{P})}}{2(n+c^2)} \leq p \leq \frac{(2n\hat{P}+c^2)+c\sqrt{c^2+4n\hat{P}(1-\hat{P})}}{2(n+c^2)}$ となり，置き換えなしの信頼区間が求まる．ただし，多くの場合，置き換えて計算した信頼区間と，置き換えなしで計算した信頼区間はほとんど同じになる．たとえば，$n=100, \hat{p}=0.4$ のとき，置き換えて計算した信頼区間は $0.304 \leq p \leq 0.496$ であり，置き換えなしで計算したそれは $0.309 \leq p \leq 0.498$ である．

6.6 分散の区間推定

> 母分散 σ^2 の区間推定について

■ 母分散の区間推定

前節末で述べたように，次のことが知られている（前節 5.5 参照）．

- $N(\mu, \sigma^2)$ から復元抽出した標本 $X_1, X_2, \cdots X_n$ の標本分散を $S^2 = \frac{1}{n}\sum(X_k-\mu)^2$ とするとき，$X = \frac{nS^2}{\sigma^2} = \sum\left(\frac{X_k-\mu}{\sigma}\right)^2$ は自由度 n のカイ 2 乗分布に従う．

また，$U^2 = \frac{1}{n-1}\sum(X_k-\bar{X})^2$ の不偏分散とするとき，$Y = \frac{(n-1)U^2}{\sigma^2} = \sum(\frac{X_k-\bar{X}}{\sigma})^2$ は自由度 $n-1$ のカイ 2 乗分布に従う．

X は，定義より 2 乗の和だから，正の値しかとらないことがわかる．

- $P(a \leq X \leq b) = 0.95$ に関して，$P(0 \leq X < a) = 0.025, P(X \geq b) = 0.025$ を満たす a, b の値は下の通りである．
  （通常 a, b は $\chi_n^2(0.975), \chi_n^2(0.025)$ と書かれる）．

6.6 分散の区間推定

n	$\chi_n^2(0.975)$	$\chi_n^2(0.025)$	n	$\chi_n^2(0.975)$	$\chi_n^2(0.025)$	n	$\chi_n^2(0.975)$	$\chi_n^2(0.025)$
1	0.001	5.024	11	3.816	21.92	21	10.28	35.48
2	0.051	7.378	12	4.404	23.34	22	10.98	36.78
3	0.216	9.348	13	5.009	24.74	23	11.69	38.08
4	0.484	11.14	14	5.629	26.12	24	12.40	39.36
5	0.831	12.83	15	6.262	27.49	25	13.12	40.65
6	1.237	14.45	16	6.908	28.85	26	13.84	41.92
7	1.690	16.01	17	7.564	30.19	27	14.57	43.19
8	2.180	17.53	18	8.231	31.53	28	15.31	44.46
9	2.700	19.02	19	8.907	32.85	29	16.05	45.72
10	3.247	20.48	20	9.5916	34.17	30	16.79	46.98

たとえば，自由度 9 のとき，$P(2.700 \leq X \leq 19.02) = 0.95$ である．
一般に α に対して $P(X > \chi_n^2(\alpha)) = \alpha$ を満たす $\chi_n^2(\alpha)$ の一覧表として，カイ 2 乗分布表がある．

例 6.6.

正規分布に従う母集団から大きさ 9 の標本を抽出したとき，標本分散の実現値が 4.9 であった．母分散を信頼度 95% で区間推定しなさい．

解答

$X = \frac{nS^2}{\sigma^2} = \frac{9S^2}{\sigma^2}$ は自由度 9 のカイ 2 乗分布に従い，$P(2.700 \leq X \leq 19.02) = 0.95$ である．そして，$2.700 \leq X \leq 19.02 \Leftrightarrow 2.700 \leq \frac{9S^2}{\sigma^2} \leq 19.02 \Leftrightarrow \frac{9S^2}{19.02} \leq \sigma^2 \leq \frac{9S^2}{2.700}$ だから，これに S^2 の実現値 4.9 を代入して，求める母分散の信頼区間は $\frac{9 \times 4.9}{19.02} \leq \sigma^2 \leq \frac{9 \times 4.9}{2.700} \Leftrightarrow 2.32 \leq \sigma^2 \leq 16.33$ となる．

練習問題 6.6.

正規分布に従う母集団から大きさ 30 の標本を抽出したとき，標本分散の実現値が 25.6 であった．母分散を信頼度 95% で区間推定しなさい．

第7章 検定

7.1 検定概説
7.2 母平均の検定
7.3 母比率の検定
7.4 母分散の検定
7.5 回帰直線と最小2乗法

7.1 検定概説

> 検定（仮説の妥当性を判定すること）についての概説

■ 検定の考え方

たとえば，いま，あるコインを10回投げたら10回とも表が出たとする．このとき，我々は，このコインは表が出やすいように歪んでいると考えてしまう．しかし，2回投げて2回とも表が出た場合はどうであろうか．コインが歪んでいると考えるだろうか．この場合は，たまたま2回とも表が出ただけで，コインが歪んでいるとは考えないであろう．このように，**起こった事柄**（10回中10回表が出た，あるいは2回中2回表が出たという事柄）**から，あること**（コインが歪んでいるかどうか）**の妥当性を判定することを検定という**．

では，検定の概念を理解するために，10回中10回表が出たときと，2回中2回表が出たときの違いをどう解釈すればよいか少しくわしく検討してみよう．

まず，コインが歪んでない，すなわち，表の出る比率は $\frac{1}{2}$ であると仮定しよう．このとき，2回投げて2回とも表が出る確率は ${}_2C_2\left(\frac{1}{2}\right)^2 = 0.25$ であり，10回投げて10回とも表が出る確率は ${}_{10}C_{10}\left(\frac{1}{2}\right)^{10} = \frac{1}{1024} \fallingdotseq 0.001$ である．そして，$0.25 = 25\%$ の確率で起こる事柄は結構起こりうることだから，2回投げて2回とも表が出てもコインは歪んでいるとは言い切れないが，$0.001 = 0.1\%$ の確率で起こる事柄はめったに起こり得ない事柄だから，10回投げて10回とも表が出たならばコインは歪んでいると考えるのである．

このように，あることを仮定して（コインは歪んでおらず，表の出る比率は $\frac{1}{2}$ と仮定して），実際起こったことが起こる確率を計算し，それがめったに起こらないような小さな値ならば，仮定はおかしいと結論づけることは自然な考え方である．

ここで，注意しなければならないのは，めったに起こらない（あるいは逆に起こっても許容できる）と判断する境目の確率の値である．これは，主観によるところが大きいが，通常，$0.05 = 5\%$（場合によっては $0.01 = 1\%$）に設定

される．つまり，あることを仮定して計算した確率が 5% 以下ならば起こりにくいことが起こったということで，仮定はおかしいと結論づけるのである．

では，コインを 1000 回投げて 502 回表が出た場合，表が出やすいといえるだろうか．表が出る回数が 1000 回中 502 回ならば，比率的には $\frac{502}{1000} \fallingdotseq \frac{1}{2}$ であるが，表の出る比率は $\frac{1}{2}$ と仮定して，1000 回中ちょうど 502 回表が出る確率を計算すると，$_{1000}C_{502}\left(\frac{1}{2}\right)^{1000} \fallingdotseq 0.02$ であり，境目の 5% より小さく，起こりにくいことが起こったことになる．これはどのように解釈すればよいのであろうか．

実は，次のように視点を変えて考えるのである．コインが歪んでないと仮定して，1000 回中表が出る回数が何回以上であれば，その確率が 5% 以下になるかその回数を計算してみると，(1000 回中表が出る回数 X とすると，X は二項分布 $B\left(1000, \frac{1}{2}\right)$ に従うが，これを正規分布 $N(500, 250)$ で近似して $P(X \geq 526) = 0.05$ がいえるから)，1000 回中 526 回以上表が出ればめったに起こらない確率 5% 以下の事柄が起こることになる．したがって，1000 回中 502 回表が出たということは起こりにくいことが起こったのではないとみなせるのである．つまり，仮定の下に，確率 5% 以下の事柄が起こる範囲を計算し，実際の事柄がその範囲に入っていれば，起こりにくいことが起こったとみて，仮定がおかしいと結論づけるのである．

■ 有意水準，棄却域，仮説検定

このように，母集団の母数 θ がある値 θ_0 に等しいかどうか疑わしい事柄が起こったとき，(たとえばコインを投げるとき表の出る比率が $\frac{1}{2}$ に等しいかどうか疑わしい事柄が起こったとき) $\theta = \theta_0$ の妥当性（起こりにくいことが起こったとみるべきか，あるいは許容できることなのか）を調べることがあるが，これは，通常，次の手順でその判定を行う．

(1) 「$\theta = \theta_0$」と仮定する．
(2) 後に妥当性を判定するときの境目の確率 α を設定する．（通常，$\alpha = 0.05$ または $\alpha = 0.01$）．

(3) ある範囲 R を決める．R は，実際の値がこの範囲に入る確率が α であり，実際の値がこの範囲 R に入ったとき仮定はおかしいと判定する範囲である．
(4) 実際の値が R に入っているかどうかを調べ，入っていれば仮定はおかしいと判断する．

上記について，次の用語がある．

定義 7.1 (有意水準, 帰無仮説, 棄却域, 仮説検定).
上記において，

- 仮定した事柄を**帰無仮説**といい，通常，H_0 で表す．
- α を**有意水準**または**危険率**という．
- 範囲 R を**棄却域**という．
- 実際の値が R に入っていて仮定はおかしいと判断することを H_0 を**棄却する**という．
- 上記のような手順で仮説 H_0 の妥当性を判定することを**仮説検定**という．

先の 1000 回コインを投げる例では，有意水準 α は 0.05，帰無仮説は H_0：「母比率 $p = \frac{1}{2}$」，棄却域は $R = \{x \leq 526\}$ で，実際の値 502 は棄却域に入っていないので H_0 は棄却されない（$p = \frac{1}{2}$ はおかしくはない）．

■ 片側検定，両側検定

さて，棄却域の形には，大きく分けて 3 種類ある．たとえば，コインを 1000 回投げるとき表の出る回数を K とし，X の実現値から，コインが歪んでいないかどうか（すなわち，帰無仮説 H_0：「母比率 $p = \frac{1}{2}$」）を仮説検定することを考えよう．

- 1000回中550回表が出た場合（すなわちXの実現値が550の場合），表が出やすいのではないか（すなわち「$p > \frac{1}{2}$」ではないか）と思われるので，棄却域Rは，これ以上表が出たらおかしいと思われるXの範囲ということになる．すなわち，$P(X \geq k) = 0.05$となるkを求めて，$R = \{x \geq k\}$である．

- 1000回中450回表が出た場合（すなわちXの実現値が450の場合），表が出にくいのではないか（すなわち「$p < \frac{1}{2}$」ではないか）と思われるので，棄却域Rは，Xがこれ以下ならばおかしいと思われる範囲ということになる．すなわち，$P(X \leq k) = 0.05$となるkを求めて，$R = \{x \leq k\}$である．

- 1000回中505回表が出た場合（すなわちXの実現値が505の場合），コインが歪んでいないかどうか（すなわち「$p \neq \frac{1}{2}$」ではないか）を検定するので，棄却域Rは，Xが平均の500よりこれ以上離れたならばおかしいと思われる範囲ということになる．すなわち，$P(|X - 500| \geq k) = 0.05$となる$k$を求めて，$R = \{|x - 500| \geq k\}$である．

つまり，棄却域の形は$\{x \geq c\}, \{x \leq c\}, \{|x - a| \geq c\}$の3種類がある．そして，それぞれは，帰無仮説$H_0$：「$\theta = \theta_0$」に対して，「$\theta > \theta_0$」ではないか，「$\theta < \theta_0$」ではないか，「$\theta \neq \theta_0$」ではないか，と思えるときに使い分けている．これについて，次の用語がある．

■ **第1種の誤り，第2種の誤り**

ここで，仮説検定において犯す誤りについて述べておこう．帰無仮説H_0，対立仮説H_1の仮説検定を行うとき，次のような誤りを犯すことがある．

第1種の誤り　H_0が正しいのに，H_0を棄却してしまう誤り．
第2種の誤り　H_0が間違いなのに，H_0を採択してしまう誤り．

これらの誤りを犯すことは，できるだけ少ない方がよい．第1種の誤りを犯す危険率はαであり，αを小さく設定すればこの誤りを犯す危険性は少なくなる．よって，この誤りを犯す危険性を小さくしたい検定を行うときは，αは0.01

> **定義 7.2 (片側検定，両側検定，対立仮説).**
> 帰無仮説 H_0：「$\theta = \theta_0$」の仮説検定において，
>
> - H_0 に対立する仮説「$\theta > \theta_0$」，「$\theta < \theta_0$」，「$\theta \neq \theta_0$」を**対立仮説**といい，H_1 で表す．
> - 対立仮説が H_1：「$\theta > \theta_0$」で，棄却域を $\{x \geq c\}$ に設定する検定を**右側検定**という．
> - 対立仮説が H_1：「$\theta < \theta_0$」で，棄却域を $\{x \leq c\}$ に設定する検定を**左側検定**という．
> - 右側検定と左側検定を総称して**片側検定**という．
> - 対立仮説が H_1：「$\theta \neq \theta_0$」で，棄却域を $\{|x - a| \geq c\}$ にする検定を**両側検定**という．

やそれより小さい数に設定される．また，第 2 種の誤りを小さくするためには，棄却域の形あるいは対立仮説を適切に設定すればよい．

　最後に，これまでの話をまとめておく．

　「検定」は概して言うと，実現値 $\bar{x}$ がある基準値 θ_0 と少し違っているとき，この違いは「本質的な違い」かそれとも「本質的には同じ（違いは抽出の誤差）」かを判定することである．

　「検定の考え方」を概して言うと，基準値 θ_0 から離れている範囲（棄却域 R）を求めて，実現値 $\bar{x}$ が R に入っていれば，（離れた範囲に入っているから）「違いは本質的な違いである」と判定し，$\bar{x}$ が R に入っていなければ，（離れた範囲に入っていないから）「本質的な違いはない」と判定するのである．ここで，離れた範囲（と θ_0 の近くの範囲）の境目は，「離れた範囲の部分の確率が $\alpha(= 5\%$ or $1\%)$」となるように決める．また，離れた範囲（棄却域 R）の形は，問題に応じて，基準値の「右側だけ」「左側だけ」「両側」の 3 種類のどれかに設定する．

つまり，仮説検定の手順はつぎの通りである．

(1) 母集団分布を想定し，真の分布についての帰無仮説 H_0 および対立仮説 H_1 を立てる．（H_0 で基準値 θ_0 を設定し，H_1 で棄却域の形を決める）．
(2) 有意水準を α を定める．（通常，$\alpha = 0.05$ または $\alpha = 0.01$）．
(3) 仮説 H_0 に基づいて，有意水準 α の棄却域 R を求める．（R に入る確率が α になるように決める）．
(4) 抽出した標本の実現値 $\bar{x}$ が棄却域に入っているかどうかを調べ，入っていれば H_0 を棄却し，入っていなければ採択する．（入っていれば「θ_0 と違う（離れている）」と判定し，入っていなければ「θ_0 と同じ（離れていない）と見てよい」と判定する）．

7.2 母平均の検定

> 母平均の検定について

■ 正規分布による検定

正規分布を用いて母平均を検定してみよう．$N(0,1)$ では，次が成り立つことを注意しておく．

$P(Z \geq 1.645) = 0.05, \quad P(Z \leq -1.645) = 0.05, \quad P(|Z| \geq 1.96) = 0.05,$
$P(Z \geq 2.325) = 0.01, \quad P(Z \leq -2.325) = 0.01, \quad P(|Z| \geq 2.575) = 0.01.$

例 7.1.

ある電機メーカーの電球の平均寿命は従来 1500 時間であったが，このメーカーでは，品質を改善して平均寿命が長くなったと主張している．そこで，新製品 50 個を無作為に抽出して検査したところ，平均寿命は 1520 時間であった．このメーカーの主張は信用してよいか．有意水準 5% で検定しなさい．ただし，新製品の寿命時間は標準偏差が 100 時間の正規分布に従うとする．

解答

(実現値 1520 は,基準値 1500 より「大きい」と言ってよいかどうかを判定する.したがって,棄却域の形は「右側だけ」に設定する).新製品の寿命の母平均を μ 時間,母標準偏差を $\sigma = 100$ 時間,$n = 50$ とすると,標本平均 $\bar{X}$ は $N\left(\mu, \frac{\sigma^2}{n}\right)$ に従うから,$Z = \frac{\bar{X}-\mu}{\sqrt{\sigma^2/n}}$ は $N(0,1)$ に従う.帰無仮説を H_0:「$\mu = 1500$」とし,対立仮説を H_1:「$\mu > 1500$」とする.帰無仮説 H_0 のもとでは,$Z = \frac{\bar{X}-1500}{\sqrt{\sigma^2/n}}$ は $N(0,1)$ に従う.そして,正規分布表より $P(Z \geq c) = 0.05$ となるのは $c = 1.645$ であり,$Z \geq c \Leftrightarrow \frac{\bar{X}-1500}{\sqrt{\sigma^2/n}} \geq c \Leftrightarrow \bar{X} \geq 1500 + c\sqrt{\sigma^2/n}$ であるから,棄却域は $R = \{x \geq 1500 + c\sqrt{\sigma^2/n}\} = \{x \geq 1523.4\}$ となる.このとき,$\bar{X}$ の実現値 $\bar{x} = 1520$ は棄却域 R に入っていないので (1520 は 1500 と本質的には同じと考え),H_0 は棄却されない.つまり,寿命時間が 1500 時間より長くなったというメーカーの主張は正しいとは判断できない (1520 は 1500 より本質的に大きいとは言えない).

練習問題 7.1.

次の各問いに答えなさい.

(1) ある大都市の 18 歳男性の平均身長は,数年前の調査では 171 cm であった.今回,現在 18 歳の男性 150 人を選び,測定したら平均値が 172 cm であった.この都市の 18 歳男性の平均身長は,前回調査時よりも伸びたといえるかどうか有意水準 5% で検定しなさい.ただし,18 歳男性の身長は標準偏差 5.6 cm の正規分布に従うとする.

(2) ある工場で生産されている糸の強さは,平均 20.0 g の重さに耐えられるように作られていたが,最近,糸が弱くなったと苦情が寄せられた.そこで現在の製品から 100 本を無作為抽出し,強さを測定したところ,平均 19.5 g であった.糸の強さは弱くなっているといえるかどうか有意水準 5% で検定しなさい.ただし,糸の強さは,標準偏差 5.2 g の正規分布に従うとする.

例 7.2.

高校 3 年生を対象にした全国一斉模擬試験において，得点の全国平均は 48.6 点であった．ある県でこれを受験した生徒から選んだ 225 人の得点の平均は 48.0 点で，標準偏差が $s = 5.6$ 点であった．この県内の受験生のレベルは全国レベルと同じであるとみてよいかどうか有意水準　で検定しなさい．ただし，点数は正規分布に従うとする．

解答

（実現値 48.0 は，基準値 48.6 と「同じ」と言ってよいかどうかを判定する．したがって，棄却域の形は「両側」に設定する）．この県内の受験生の点数の平均を μ 点，標準偏差を σ 点，$n = 225$ とする．標本平均 $\bar{X}$ は $N\left(\mu, \frac{\sigma^2}{n}\right)$ に従うから，$Z = \frac{\bar{X} - \mu}{\sqrt{\sigma^2/n}}$ は $N(0,1)$ に従う．帰無仮説を H_0:「$\mu = 48.6$」とし，対立仮説を H_1:「$\mu \neq 48.6$」とする．帰無仮説 H_0 のもとでは，$Z = \frac{\bar{X} - 48.6}{\sqrt{\sigma^2/n}}$ は $N(0,1)$ に従う．そして，正規分布表より $P(|Z| \geq c) = 0.05$ となるのは $c = 1.96$ であり，$|Z| \geq c \Leftrightarrow |\bar{X} - 48.6| \geq c\sqrt{\sigma^2/n}$ である．ここで，$n = 225$ が大きいので，$s = 5.6$ は σ のよりよい推定値とみなせるから，σ にこれを代用して，棄却域は $R = \left\{|\bar{X} - 48.6| \geq c\sqrt{s^2/n}\right\} = \left\{|\bar{X} - 48.6| \geq 0.73\right\}$ としてよい．このとき，$\bar{X}$ の実現値 $\bar{x} = 48.0$ は，$|\bar{x} - 48.6| = 0.6 (< 0.73)$ より，棄却域 R に入っていないので（48.0 は 48.6 と本質的には同じと考え），H_0:「$\mu = 48.6$」は棄却されない．つまり，この県内の受験生のレベルは全国レベルと異なるとは言えない．

練習問題 7.2.

次の各問いに答えなさい．

(1) あるメーカーで生産しているローソクの燃焼時間は平均 32.5 分であったが，原料の入手先を変更して生産した製品から 80 本を抽出して燃焼時間を調べたところ，平均 32.0 分であった．原料の変更で燃焼時間に差異が出たのかどうか有意水準 5% で検定しなさい．ただし，燃焼時間は標準偏差 3.0 分の正規分布に従うものとする．

(2) 日本人 900 人を選び，体温を測ったら平均 36.8 ℃，標準偏差 3 ℃ であった．この結果から日本人の体温の平均は 36.6 ℃ とみてよいかどうか有意水準 5% で検定しなさい．ただし，人の体温は正規分布に従うとする．

■ t 検定

前節で述べたように，母集団が，母分散 σ^2 が不明の正規分布 $N(\mu, \sigma^2)$ に従い，標本の大きさ n が小さいとき，$T = \frac{\bar{X}-\mu}{\sqrt{\frac{U^2}{n}}}$ は自由度 $n-1$ の t 分布に従う．ここに $U^2 = \frac{1}{n-1}\sum_{k=1}^{n}\left(X_k - \bar{X}\right)^2$ は不偏分散である．したがって，母集団分布が母分散不明の正規分布に従い，標本の大きさが小さいときは，この t 分布を利用して検定することになる．

> 不偏分散 U^2 と標本分散 $S^2 = \frac{1}{n}\sum_{k=1}^{n}\left(X_k - \bar{X}\right)^2$ の関係は $U^2 = \frac{n}{n-1}S^2$ であることを注意しておく．

例 7.3.

ある研究所では，体の発育を促進する薬を開発中であり，10 匹のネズミに対して，生まれてから 3 カ月間この薬を混ぜた餌を与えてきた結果，この 10 匹のネズミの体重の平均値が 530 g，標準偏差の値が $s = 20$ g になった．薬を与えていなかったときのネズミの生後 3 カ月の体重の平均は 520 g であった．この薬はネズミの発育に対して効果があるといってよいか有意水準 5% で検定しなさい．ただし，体重は正規分布に従うとする．

解答

（実現値 530 g は，基準値 520 g より「大きい」と言ってよいかどうかを判定する．したがって，棄却域の形は「右側だけ」に設定する）．薬を与えた場合のネズミの体重の平均を μ とする．$U^2 = \frac{n}{n-1}S^2 = \frac{10}{9}S^2$ より，$T = \frac{\bar{X}-\mu}{\sqrt{\frac{U^2}{10}}} = \frac{\bar{X}-\mu}{\sqrt{\frac{S^2}{9}}} = \frac{\bar{X}-\mu}{\sqrt{\frac{20^2}{9}}}$ は自由度 $10-1 = 9$ の t 分布に従う．帰無仮説を H_0:「$\mu = 520$」とし，対立仮説を

H_1:「$\mu > 520$」とする.帰無仮説 H_0 のもとでは,$T = \frac{\bar{X}-520}{\sqrt{\frac{20^2}{9}}}$ は自由度 9 の t 分布に従うとしてよい.ここで,$P(|T| \geq t_9(0.1)) = 0.1 \Leftrightarrow 2P(T \geq t_9(0.1)) = 0.1$ より $P(T \geq t_9(0.1)) = 0.05$ で,t 分布表より $t_9(0.1) = 1.833$ である.そして $T \geq 1.833 \Leftrightarrow \bar{X} \leq 520 + 1.833\sqrt{\frac{20^2}{9}} \Leftrightarrow \bar{X} \leq 532.2$ より,棄却域は $R = \{x \geq 532.2\}$ となる.このとき,$\bar{X}$ の実現値 は,棄却域 R に入っていないので(530 は 520 と本質的には同じと考え),H_0:「$\mu = 520$」は棄却されない.つまり,この薬は効果があるとみなすことはできない.

練習問題 7.3.

次の各問いに答えなさい.

(1) ある海水浴場の 17 箇所から採取した海水を調べた結果,1 cc 当たりの大腸菌の数は,平均が 330 個,不偏分散の値が $u^2 = 50^2$ であった.この海水浴場全体では,1 cc 当たりの大腸菌の数は 300 個とみてよいか有意水準 5% で検定しなさい.ただし,1 cc 当たりの大腸菌の数は正規分布に従うとみなせるとする.

(2) あるレーシングチームで使用している車は,テストサーキット 1 周を平均 93.0 秒で走っていたが,車体を改造して 26 回のテスト走行をした結果,平均 92.5 秒,標準偏差 1.0 秒であった.改造した車の 1 周にかかる時間は正規分布に従うものとするとき,この改造は効果があったとみなせるかどうか有意水準 5% で検定しなさい.

■ 中心極限定理の応用

前節で述べたように,母平均が μ で,母分散が σ^2 であることはわかっているが,母集団分布は不明のときは,標本の大きさ n が大きいならば,中心極限定理により,$\bar{X}$ は $N\left(\mu, \frac{\sigma^2}{n}\right)$ に従うとみなしてよい.さらに,このとき,母分散 σ^2 がわかっていないときは,標本分散 S^2 は母分散 σ^2 のよい推定量なので,$\bar{X}$ は $N\left(\mu, \frac{s^2}{n}\right)$ に従うとみなしてよい.

例 7.4.

ある大きな駅を利用して通勤している 400 人の通勤時間を調査したところ，平均が 90 分，標準偏差が 20 分であった．この駅を利用して通勤している人の平均通勤時間は 85 分とみなしてよいかどうか有意水準 で検定しなさい．

解答

（実現値 90 は，基準値 85 と「同じ」とみてよいかどうかを判定する．したがって，棄却域の形は「両側」に設定する）．平均通勤時間を μ 時間，母標準偏差を σ 時間，$n = 400$ とする．中心極限定理より，標本平均 $\bar{X}$ は正規分布 $N\left(\mu, \frac{\sigma^2}{n}\right)$ に従うとみなしてよい．したがって，その標準化 $Z = \frac{\bar{X}-\mu}{\sqrt{\frac{\sigma^2}{n}}}$ は $N(0,1)$ に従うとしてよい．帰無仮説を H_0：「$\mu = 85$」とし，対立仮説を H_1：「$\mu \neq 85$」とする．帰無仮説 H_0 のもとでは，$Z = \frac{\bar{X}-85}{\sqrt{\frac{\sigma^2}{n}}}$ は $N(0,1)$ に従うとしてよい．そして，正規分布表より $P(|Z| \geq c) = 0.05$ となるのは $c = 1.96$ であり，母標準偏差 σ の代わりに標本標準偏差の実現値 $s = 20$ を代用して，$|Z| \geq c \Leftrightarrow |\bar{X} - 85| \geq c\sqrt{\frac{\sigma^2}{n}} \Leftrightarrow |\bar{X} - 85| \geq 1.96$ となるから，棄却域は $R = \{|\bar{X} - 85| \geq 1.96\}$ となる．このとき，$\bar{X}$ の実現値 $\bar{x} = 90$ は棄却域に入っているので（90 は 85 と本質的に違うと考え），H_0：「$\mu = 85$」は棄却される．つまり，平均通勤時間は 85 分とはみなせない．

練習問題 7.4.

次の各問いに答えなさい．

(1) 多数の人が初詣に参拝する神社で，1 人当たりのお賽銭は，昨年 400 円であった．今年の初詣者から 30 人を選び，調査したら，平均 380 円，標準偏差 50 円であった．今年のお賽銭は昨年並みと見てよいかどうか有意水準 5% で検定しなさい．

(2) あるファミリーレストランでは，ハンバーグはそれまで 1 日平均 80 食注文されていたが，ソースを変えてから 30 日間では，1 日の注文数が，平均 85 食，標準偏差 10 食となった．ソースを変えたことにより，注文数が増えたとみなせるかどうか有意水準 5% で検定しなさい．

7.3 母比率の検定

> 母比率 p の検定について

標本比率で述べたように，母集団が二項母集団で，母集団および標本の大きさが大きいときは，標本比率 $\hat{P}$ は正規分布 $N\left(p, \frac{pq}{n}\right)$ に従うとみなしてよい．従って，その標準化 $Z = \frac{\hat{P}-p}{\sqrt{\frac{pq}{n}}}$ は $N(0,1)$ に従うとみなしてよい．

例 7.5.

あるコイン A を 100 回振ったら 54 回表が出た．また，別のコイン B を 1000 回振ったら 540 回表が出た．それぞれのコインについて，それらは表が出やすいとみてよいかどうか有意水準 5% で検定しなさい．

解答

（A の実現値 $\frac{54}{100}$，および，B の実現値 $\frac{540}{1000}$ は，基準値 $\frac{1}{2}$ より「大きい」とみてよいかどうかを判定する．したがって，棄却域の形は「右側だけ」に設定する）．コインの表の出る確率を p とし，標本比率を $\hat{P}$ とする．$n = 100, (n = 1000)$ は大きいので，中心極限定理より $\hat{P}$ は $N\left(p, \frac{pq}{n}\right)$ に従うとしてよく，よって $Z = \frac{\hat{P}-p}{\sqrt{\frac{pq}{n}}}$ は $N(0,1)$ に従うとしてよい．帰無仮説を H_0：「$p = \frac{1}{2} = 0.5$」とし，対立仮説を H_1：「$p > 0.5$」とする．帰無仮説 H_0 のもとでは，$q = 1-p = 0.5$ より $Z = \frac{\hat{P}-0.5}{\sqrt{\frac{0.25}{n}}}$ は $N(0,1)$ に従うとしてよい．そして，正規分布表より $P(Z \geq c) = 0.05$ となるのは $c = 1.645$ であり，$Z \geq c \Leftrightarrow \hat{P} \geq 0.5 + c\sqrt{\frac{0.25}{n}} \Leftrightarrow \hat{P} \geq 0.5 + \frac{0.8225}{\sqrt{n}}$ であるから，棄却域は $R = \left\{x \geq 0.5 + \frac{0.8225}{\sqrt{n}}\right\}$ となる．

コイン A の場合，$R = \left\{x \geq 0.5 + \frac{0.8225}{\sqrt{100}}\right\} = \{x \geq 0.58225\}$ で，$\hat{P}$ の実現値 $\hat{p} = \frac{54}{100} = 0.54$ は棄却域に入っていないので（0.54 は 0.5 と本質的に同じと考え），H_0：「$p = 0.5$」は棄却されない．つまり表が出やすいとはいえない．

コイン B の場合，$R = \left\{x \geq 0.5 + \frac{0.8225}{\sqrt{1000}}\right\} = \{x \geq 0.526\}$ で，$\hat{P}$ の実現値 $\hat{p} = \frac{540}{1000} = 0.54$ は棄却域に入っているので（0.54 は 0.5 と本質的に違うと考え），H_0：「$p = 0.5$」は棄却され，（対立仮説が H_1：「$p > 0.5$」だから），このコインは表が出やすいといえる．

練習問題 7.5.

次の各問いに答えなさい．

(1) 内閣の支持率を 1000 人無作為抽出して調査したところ，32% であった．全国的には，支持率は 35% あるといってよいかどうか有意水準 5% で検定しなさい．

(2) ある工場で生産されている製品の不良率は従来 4% である．ある週に生産された製品から 2400 個を無作為抽出して検査したところ 120 個が不良品であった．（すなわち不良率が 5% であった）．製造過程に異常が発生したとみてよいかどうか有意水準 5% で検定しなさい．

(3) 今年生まれた新生児 2400 人を無作為抽出して誕生日の曜日を調べたところ，日曜日に生まれた新生児は 300 人であった．今年日曜日に生まれた新生児は他の曜日に比べて少ないといえるか（日曜日生まれの新生児の比率は $\frac{1}{7}$ より小さいといえるか）どうか有意水準 5% で検定しなさい．

7.4 母分散の検定

$N(\mu, \sigma^2)$ から復元抽出した標本 $X_1, X_2, \cdots, X_N$ の標本分散を S^2 とするとき，$X = \frac{nS^2}{\sigma^2}$ が自由度 $n-1$ のカイ 2 乗分布に従うことを利用すれば，母分散の検定も行うことができる．そして，これは誤差の検定などにも使われる．

たとえば，ある工場で生産している製品の重さ（あるいは長さあるいは容量など）は，目標にしている値と少しの誤差があり，誤差の 2 乗の平均は σ_0^2 であったとする．そして，製造工程を見直した後，生産された製品から n 個を無作為抽出して検査したところ，誤差の 2 乗の平均が s_0^2 になったとする．この製造工程の見直し後の誤差の 2 乗の平均 σ^2 が，本当に以前の σ_0^2 より少なくなっ

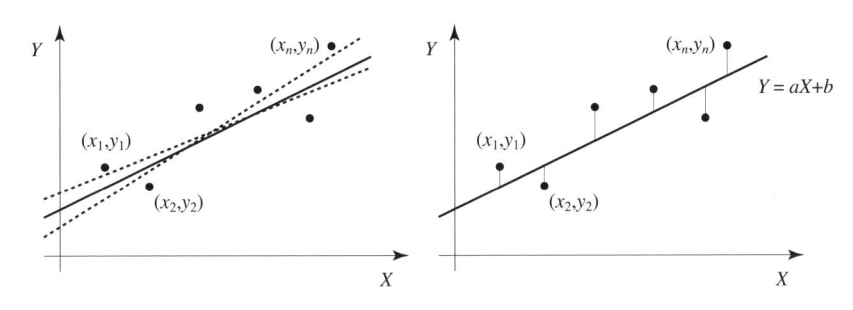

図 **7.1** 回帰直線と最小 2 乗法

たのかどうかを検定するときには，$X = \frac{nS^2}{\sigma^2}$ が自由度 $n-1$ のカイ 2 乗分布に従うことが利用される．すなわち，帰無仮説を H_0：「$\sigma = \sigma_0$」とし，対立仮説を H_1：「$\sigma < \sigma_0$」とし，帰無仮説 H_0 のもとでは，$X = \frac{nS^2}{\sigma_0^2}$ が自由度 $n-1$ のカイ 2 乗分布に従うから，カイ 2 乗分布表で $P\left(X \leq \chi_{n-1}^2(1-\alpha)\right) = \alpha$ となる $\chi_{n-1}^2(1-\alpha)$ を求めて，棄却域 $R = \left\{s^2 \leq \frac{\sigma_0^2}{n}\chi_{n-1}^2(1-\alpha)\right\}$ がわかり，そして，実際の実現値 s_0^2 が R に入るかどうかをみるのである．詳しいことは，ここでは割愛する．

7.5　回帰直線と最小 2 乗法

実験などにおいては，2 つの変量 (X,Y) の n 個のデータ $(x_1,y_1), (x_2,y_2),$ $\cdots, (x_n,y_n)$ から，X と Y の関係を調べることがある．このときの X と Y の関係を 1 次関数 $Y = aX + b$ で近似したものを**回帰直線**という．つまり，上記のデータ $(x_1,y_1), (x_2,y_2), \cdots, (x_n,y_n)$ は，平面上の n 個の点になるが，この点の分布を $Y = aX + b$ で近似するのである（図 7.1 左）．

このとき，最もよく近似するような直線を求めなければ意味がない．すなわち，最もよく近似するように定数 a, b を定めなければならないが，それを定める 1 つの方法として**最小 2 乗法**と呼ばれる方法がある．これは $ax_k + b$ と y_k との差の 2 乗の和 $\sum_{k=1}^{n}(ax_k + b - y_k)^2$ を最小にするように a, b を定めようというものである（図 7.1 右）．

では，この考え方に従って，a,b を定めてみよう．

$f(a,b) = \sum_{k=1}^{n}(ax_k+b-y_k)^2$ とおく．$f(a,b)$ を a,b の 2 変数関数とみたとき，それが最小になる可能性があるのは $\frac{\partial f}{\partial a}=0, \frac{\partial f}{\partial b}=0$ を満たす a,b である．

さて，$\frac{\partial f}{\partial a} = \sum 2(ax_k+b-y_k) \cdot x_k = 2n(a\frac{1}{n}\sum x_k^2 + b\frac{1}{n}\sum x_k - \frac{1}{n}\sum x_k y_k) = 2n\{aE(X^2)+b\bar{x}-E(XY)\}$, $\frac{\partial f}{\partial b} = \sum 2(ax_k+b-y_k) = 2n(a\frac{1}{n}\sum x_k + b\frac{1}{n}\sum 1 - \frac{1}{n}\sum y_k) = 2n\{a\bar{x}+b-\bar{y}\}$, だから $\frac{\partial f}{\partial a}=0, \frac{\partial f}{\partial b}=0 \Leftrightarrow aE(X^2)+b\bar{x}-E(XY)=0, a\bar{x}+b-\bar{y}=0$ である．この連立方程式を解くと，$a=\frac{E(XY)-\bar{x}\bar{y}}{E(X^2)-\bar{x}^2}=\frac{E(XY)-\bar{x}\bar{y}}{V(X)}, b=\bar{y}-a\bar{x}$ を得る．そして，$f(a,b)$ がこの a,b で最小をとることは，$\frac{\partial^2 f}{\partial a^2}=2nE(X^2)>0, \left(\frac{\partial^2 f}{\partial a \partial b}\right)^2 - \frac{\partial^2 f}{\partial a^2} \cdot \frac{\partial^2 f}{\partial b^2} = (2n\bar{x})^2 - 2nE(X^2)\cdot 2n = -4nV(X)<0$ からいえる．

結局，次の定理が成り立つ．

定理 7.1 (最小 2 乗法による回帰直線).

2 つの変量 (X,Y) の n 個のデータ $(x_1,y_1),(x_2,y_2),\cdots,(x_n,y_n)$ から，X と Y の関係を近似する回帰曲線 $Y=aX+b$ を最小 2 乗法で求めると，定数 a,b は，$a=\frac{E(XY)-\bar{x}\bar{y}}{V(X)}, b=\bar{y}-a\bar{x}$ で与えられる．

$E(XY)-\bar{x}\bar{y}$ は $\frac{1}{n}\sum_{k=1}^{n}(x_k-\bar{x})(y_k-\bar{y})$ と等しく，**共分散**と呼ばれ，σ_{XY} で表される．

σ_X, σ_Y を X,Y それぞれの標準偏差とするとき，$\frac{\sigma_{XY}}{\sigma_X \cdot \sigma_Y}$ は**相関係数**と呼ばれる．

例 7.6.

10 人の人の身長 X cm と体重 Y kg を測定したら，下の通りであった．回帰直線 $Y=aX+b$ および相関係数を求めなさい．

$$(X,Y) = \begin{array}{lllll}(167,59), & (176,63), & (161,56), & (170,65), & (166,52), \\ (173,71), & (164,57), & (159,54), & (170,65), & (174,68).\end{array}$$

$\frac{1}{10}(167+176+\cdots+174)=168, \bar{y}=\frac{1}{10}(59+63+\cdots+68)=61$,
$\sigma_X^2=\frac{1}{10}\{(167-168)^2+(176-168)^2+\cdots+(174-168)^2\}=28.4$,
$\sigma_Y^2=\frac{1}{10}\{(59-61)^2+(63-61)^2+\cdots+(68-61)^2\}=36$,
$\sigma_{XY}=\frac{1}{10}\{(167-168)(59-61)+(176-168)(63-61)+\cdots+(174-168)(68-61)\}=25.8$, より，$a=\frac{\sigma_{XY}}{\sigma_X^2}=0.908, b=\bar{y}-a\bar{x}=-91.62$ だから，回帰直線は $Y=0.908X-91.62$ である．また，相関係数は $\frac{\sigma_{XY}}{\sigma_X\cdot\sigma_Y}=0.807$ である．

練習問題 7.6.
貝殻 12 個の体積 X cm^3 と重さ Y g を測定したら，下の通りであった．回帰直線 $Y=aX+b$ および相関係数を求めなさい．また，貝殻の比重を求めなさい．

$(X,Y)=$ $(11,23)$, $(23,49)$, $(5,10)$, $(50,115)$, $(32,64)$, $(21,45)$,
$(16,35)$, $(39,84)$, $(25,50)$, $(45,100)$, $(5,11)$, $(34,70)$.

付録

付録 A 最尤法
付録 B 補充練習問題
付録 C 問題解答例

付録 A. 最尤法

最尤推定法

> **確率の積の最大化**

これまで学習してきた推定法の中には，最尤推定法というものがある．

今，確率変数を X とし，その確率密度関数を $f(x;\theta)$ とする．ここで θ は推定したい母数である．

X について n 回の観測が行なわれたとし，そのそれぞれで観測された確率変数を $X_1, X_2, \cdots, X_n$ とする．この時，

$$L(x_1, x_2, \cdots, x_n; \theta) = \prod_{i=1}^{n} f(x_i; \theta) \tag{A.1}$$

を尤度関数と呼ぶ．

この尤度関数は，確率変数 X を n 次元の同時密度関数と見なすこともできる．

最尤推定法とは，この尤度関数を最大化するような θ の値を求めることを言う．それは次のように定義される．

> **定義 A.1 (最尤推定法).**
> 尤度関数 $L(x_1, x_2, \cdots, x_n; \theta)$ を最大化する母数 θ の推定値のことを**最尤推定値 $\hat{\theta}$** と言う．
> 一般に，それは尤度関数を母数 θ で偏微分した時の 1 階の条件から求める．
> $$\frac{\partial L}{\partial \theta} = 0 \tag{A.2}$$

例 A.1.
正規変数の最尤推定量を求めてみよう．

推定すべきパラメータは μ と σ の二つである．正規変数の密度関数は

$$f(x) = \frac{1}{\sqrt{2\pi}\sigma} e^{-\frac{1}{2}\frac{(x-\mu)^2}{\sigma^2}}$$

なので，尤度関数 $L(x;\theta)$ は

$$L(x;\theta) = \prod_{i=1}^{n} f(x) = \frac{1}{(2\pi)^{\frac{n}{2}}\sigma^n} e^{-\frac{1}{2}\frac{\sum(x-\mu)^2}{\sigma^2}}$$

両辺を対数化して，対数尤度関数を求めると，

$$lnL = -\frac{n}{2}ln2\pi - nln\sigma - \frac{\sum(x-\mu)^2}{2\sigma^2}$$

なので

$$\frac{\partial lnL}{\partial \mu} = -\frac{\sum(x-\mu)}{2\sigma^2} = 0$$

より，

$$\hat{\mu} = \frac{1}{n}\sum x_i = \bar{x}$$

また，

$$\frac{\partial lnL}{\partial \sigma} = -\sum(x-\mu)^2 \sigma^{-3} - \frac{n}{\sigma} = 0$$

より，

$$\hat{\sigma^2} = \frac{1}{n}\sum(x-\mu)^2 = S^2.$$

これらの μ と σ が，尤度関数を最大化する推定量である．

尤度比検定法

> 尤度の比から棄却域を求める

先に求めた尤度関数を検定に応用することを考えよう．

今，帰無仮説 H_0 の下でのパラメータ θ_0 を尤度関数 L に代入した時の値を L_0 とし，対立仮説 H_1 の元での θ_1 を尤度関数に代入した時の値を L_1 とする時，

$$\lambda = \frac{L_1}{L_0} \tag{A.3}$$

を**尤度比**と呼ぶ．

この尤度比 λ がある値 k 以上になる時，その k を**最良棄却域**と言う．

$$\frac{L_1}{L_0} = \frac{\prod_{i=1}^n f(x_i; \theta_1)}{\prod_{i=1}^n f(x_i; \theta_0)} \geq k \tag{A.4}$$

例 A.2.

分散 1 を有する正規変数において，平均が $H_0 : \mu = 2$ か $H_1 : \mu = 1$ かの検定問題を考えよう．この時の最良棄却域は次のように求められる．

$$f(x) = \frac{1}{\sqrt{2\pi}} e^{-\frac{1}{2}(x_i - \mu)^2}$$

より

$$L_0 = \prod_{i=1}^n \frac{1}{(2\pi)^{\frac{n}{2}}} e^{-\frac{1}{2} \sum (x_i - 2)^2}$$

$$L_1 = \prod_{i=1}^n \frac{1}{(2\pi)^{\frac{n}{2}}} e^{-\frac{1}{2} \sum (x_i - 1)^2}$$

よって

$$\lambda = \frac{L_1}{L_0} = \frac{e^{-\frac{1}{2} \sum (x_i - 1)^2}}{e^{-\frac{1}{2} \sum (x_i - 2)^2}} = e^{-\frac{1}{2} \{\sum (x_i - 1)^2 - \sum (x_i - 2)^2\}} \geq k$$

となる k が最良棄却域の臨界値である．

対数を取れば

$$-\sum (x_i - 1)^2 + \sum (x_i - 2)^2 \geq 2 ln k$$

故に
$$-\sum x_i^2 + 2\sum x_i - n + \sum x_i^2 - 4\sum x_i + 4n = -2\sum x_i + 3n \geq 2lnk$$
$$\sum x_i \leq -\frac{2lnk - 3n}{2}$$
更に，両辺を n で割れば，
$$\bar{x} \leq -\frac{2lnk - 3n}{2n}$$
H_0 が真ならば，
$$P(\sqrt{n}(\bar{x} - 2) \leq \sqrt{n}(-\frac{2lnk - 3n}{2n} - 2)) = \alpha$$
となるような k を選べばよい．

今，$n = 1, \alpha = 0.05$ とすれば，
$$P(z \leq -lnk - 0.5) = 0.05$$
規準正規分布表より，$-lnk - 0.5 = -1.64$ なので $lnk = 1.14$，つまり，$k = 3.13$ となる．

定義 A.2 (尤度比検定法).
尤度比の分母子における尤度関数を最尤推定量で計算した値を $\hat{\lambda}$ とすると，この $\hat{\lambda}$ を棄却域の臨界値として用いる検定法を**尤度比検定法**と言う．

$$\hat{\lambda} = \frac{L(x; \hat{\theta})}{L(x; \hat{\theta_0})} \geq c \tag{A.5}$$

ここで，$\hat{\lambda}$ がある値 c 以上の場合，帰無仮説を棄却する．
但し，$\hat{\theta}$ は尤度関数の最尤推定量であり，$\hat{\theta_0}$ は帰無仮説 H_0 の下での最尤推定量である．

例 A.3.

分散 1 を有する正規変数において，平均が $H_0: \mu = 2$ の検定問題を考えよう．

尤度関数は
$$L(x;\mu) = (2\pi)^{-\frac{n}{2}} e^{-\frac{1}{2}\sum(x_i-\mu)^2}$$

なので，対数尤度を求めて，
$$lnL(x;\mu) = -\frac{n}{2}ln2\pi - \frac{1}{2}\sum(x_i-\mu)^2.$$

これより μ の最尤推定量 $\hat{\theta} = \hat{\mu}$ を求めると，
$$\frac{\partial lnL}{\partial \mu} = -\frac{\sum(x-\mu)}{2\sigma^2} = 0$$

より，
$$\hat{\mu} = \frac{1}{n}\sum x_i = \bar{x}$$

よって，
$$L_({x;\hat{\mu}}) = (2\pi)^{-\frac{n}{2}} e^{-\frac{1}{2}\sum(x_i-\bar{x})^2}.$$

H_0 の下では $\mu = 2$ より
$$L_({x;\hat{\mu_0}}) = (2\pi)^{-\frac{n}{2}} e^{-\frac{1}{2}\sum(x_i-2)^2}.$$

よって，
$$\lambda = \frac{L_({x;\hat{\mu}})}{L_({x;\hat{\mu_0}})} = \frac{e^{-\frac{1}{2}\sum(x_i-\bar{x})^2}}{e^{-\frac{1}{2}\sum(x_i-2)^2}} = e^{-\frac{1}{2}\{\sum(x_i-\bar{x})^2 - \sum(x_i-2)^2\}}.$$

ここで
$$\begin{aligned}
&\left\{\sum(x_i-\bar{x})^2 - \sum(x_i-2)^2\right\} \\
&= \sum x_i^2 - 2\bar{x}\sum x_i + n\bar{x}^2 - \sum x_i^2 + 4\sum x_i - 4n \\
&= -2n\bar{x}^2 + n\bar{x}^2 + 4n\bar{x} - 4n \\
&= -n(\bar{x}^2 - 4\bar{x} + 4) \\
&= -n(\bar{x}-2)^2
\end{aligned}$$

なので，
$$\lambda = e^{\frac{n}{2}(\bar{x}-2)^2} > \lambda_0$$
となる λ_0 が棄却域の臨界値となる．

ここで，n が既知ならば，$\bar{x}$ より λ を求めることが出来る．

付録B. 補充練習問題

■ 確率

(1) あなたはいま医者であるとしよう．あなたが勤める診療所では，経験的に次のようなことが分かっている．患者のうち $\frac{1}{5}$ は病気 A，$\frac{3}{10}$ は病気 B，$\frac{1}{2}$ は健康体である．そして，病気 A の患者のうち $\frac{4}{5}$ が，病気 B の患者のうち $\frac{1}{3}$ が，健康な患者のうち $\frac{1}{10}$ が，各々腹痛を訴えている．

今日あなたが診察した一人の患者が腹痛を訴えているとすると，その人が次の状態である確率はいくらか．
   (a) 病気 A
   (b) 病気 B
   (c) 健康

(2) 毎年，宝くじのシーズンになると，50 枚だけ販売する A 店と，10 枚だけ販売する B 店があるとする（その他の枚数は他店で販売）．この A 店と B 店ではどちらの店に「当たり」が出やすいか？但し，宝くじの発行総枚数を 100 枚とし，「当たり」の総枚数を 10 枚とする．

■ 離散型確率分布

(3) コインを投げるとき，
   (a) 5 回目にはじめて表が出る確率を求めなさい．
   (b) x 回目にはじめて表が出るとき，$f(x)$ を求めなさい．

(4) 密度関数を $f(x) = \frac{e^{-1}}{x!}, x = 0, 1, 2, \cdots$ とするとき，次の確率はいくらになるか．
   (a) $P(X = 3)$
   (b) $P(X < 2)$

■ 連続型確率分布

(5) 確率密度関数を $f(x) = c, 1 < x < 4$ とするとき，
   (a) c の値はいくらか．

(b) $P(X < 2)$ はいくらか.

(c) $P(X > 1.5)$ を求めなさい.

(6) 確率密度関数を $f(x) = cxe^{-x}, x > 0$ とするとき,

   (a) c の値を求めなさい.

   (b) $P(X < 2)$ を求めなさい.

   (c) $P(2 < X < 3)$ を求めなさい.

■ 同時密度関数（離散）

(7) トランプから 1 枚ずつ 2 枚のカードを取り出す．1 枚目に取り出したときのハートの枚数を X とし，カードを元に戻さずにそのまま 2 枚目を取りだしたときに得られるハートの数を Y とする．この時の同時密度関数 $f(x, y)$ を記述せよ.

(8) 2 枚目を取り出す前に 1 枚目のカードを元に戻すとすると，上の問題 (7) の同時密度関数はどうなるか.

(9) 金，銀，銅の色の付いたメダルが 2 枚ずつ入っている箱から 2 枚のメダルを取り出すとき，得られた金，銀の枚数をそれぞれ X, Y とすると，同時密度関数 $f(x, y)$ はどのように表せるか.

(10) 上の問題 (9) の同時密度関数において，$f(1, 1), f(1), f(0|1)$ を求めなさい．但し，$f(x)$ は X の周辺分布，$f(y|x)$ は Y の条件付き分布とする.

(11) 同時密度関数を $f(x, y) = \frac{1}{45}(x + 4y), x, y = 0, 1, 2$ とするとき，X の周辺密度関数はどうなるか.

(12) 上の (11) で，Y の周辺密度関数はどうなるか.

(13) 上の (11) で，Y の条件付き密度関数はどうなるか.

■ 同時密度関数（連続）

(14) 同時密度関数を $f(x, y) = e^{-(x+y)}$ とするとき，$P(1 < X < 3, 0 < Y < 1)$ を求めなさい.

■ 期待値の計算

(15) 3枚のコインを投げて，表が出る毎に100円もらえるゲームを行うとする．このゲームを1度だけ行ったとき，いくらもらえると期待できるか．

(16) 箱の中に10枚の切符が入っている．そのうち2枚はいずれも500円の当たりくじであり，残りの8枚はいずれも100円の当たりくじだとする．
　　(a) 1枚取り出したときの期待値はいくらか？
　　(b) 2枚取り出したときの期待値はいくらか？

(17) 次のゲームを考える．3枚のコインを投げて，3枚とも表が出たら1000円もらえる．2枚だけ表の時は500円もらえる．1枚だけ表の時は100円もらえる．だが，3枚とも裏が出たときは2000円支払わねばならない．このゲームを1回やるときの期待値を計算せよ．

(18) サイコロを転がしたときの，出る目 X の平均値と分散を求めなさい．

■ 2項分布

(19) サイコロを5回転がす時，1の目がちょうど3回出る確率はいくらか．

(20) サイコロを5回転がす時，1の目がたかだか3回しか出ない確率はいくらか．

(21) 1回のくじで当たりが出る確率を $\frac{1}{10}$ とするとき，20回くじ引きして少なくとも2回命中する確率はいくらか．

(22) 6個のサイコロを転がす．
　　(a) 1または2の目が，ちょうど3個出る確率はいくらか．
　　(b) 1または2の目が，たかだか3個出る確率はいくらか．

(23) 正常なら各2%の故障率がある部品を10個組み合わせてある試作ロケットを組み立てたとする．10個の部品のうち，2個以上の故障が発生するとそのロケットの打ち上げは失敗するとした時，ある日のロケット打ち上げが失敗に終わる確率はいくらか．

■ ポアソン分布

(24) 1年を365日と考えて，100人のクラスで七夕の日が誕生に当たる人がたかだか2人になる確率はいくらか．ポアソン分布を使って求めなさい．

(25) 1時間に9人の割合でお客がやってくるラーメン屋があるとする．
    (a) 10分間に1人の客もやってこない確率を求めなさい．
    (b) 30分間にたかだか3人しか客が来ない確率を求めなさい．

■ 正規分布

(26) $X \sim N(4, \frac{1}{4})$ の時，次の確率を求めなさい．
    (a) $P(X > 3)$
    (b) $P(5 < X < 5.5)$

■ 2項分布の正規近似

(27) ある射撃手の命中率を $\frac{1}{4}$ とする時，彼が20発撃って少なくとも6発命中する確率を2項分布を用いて求めなさい．

(28) (27)の問題を，正規近似の求め方で計算した場合，その確率はいくらになるか．

(29) この射撃手が20発撃って，ちょうど6発命中させる確率はいくらか．2項分布を用いて求めなさい．

(30) (29)の問題を，正規近似の求め方で計算した場合，その確率はいくらになるか．

(31) 機械部品の生産者が，自分のところの製品不良率は10%だと主張したとする．この部品を200個必要としているある消費者が，確実にこの数だけ良品を得るために220個注文したとする．生産者の主張が真であるとすると，この消費者が少なくとも200個の良品を得る確率はいくらか．

■ 比率への応用

(32) ほぼ互角であると言われる大統領候補者 A と B の選挙において,候補者 A の選挙参謀達はその候補者の人気の程度を推定するために,有権者にアンケート調査を実施したとしよう.この調査において,A を支持する有権者の割合がその真の割合と 5% 以上食い違わない確率を 95% とするには,何人からの調査を行えばよいか.

(33) (32) の調査において,今,世論調査を行なうための予算から,300 人しか調査できないとしよう.この時,調査支持率を真の支持率と 1% の誤差で推定しようとすると,この世論調査の結果は何%の信頼に値するか?

(34) (33) において,真の支持率との誤差を 5% にした場合,調査結果は何%信頼しうるか?

■ 度数分布表

(35) 次の度数分布表は,ある少人数クラスの成績評価 (5 点満点) を示すものである (x_i は階級値,f_i は度数を表す).

x_i	f_i	$x_i f_i$	$x_i - \bar{x}$	$(x_i - \bar{x})f_i$	$(x_i - \bar{x})^2$	$(x_i - \bar{x})^2 f_i$
1	3					
2	1					
3	8					
4	12					
5	6					
計						

(a) 表を完成しなさい.

(b) 標本平均 $\bar{x}$ を求めなさい.

(c) 不偏標本分散 U^2 と標本分散 S^2 を求めなさい.

(36) 度数分布表における $\sum_{i=1}^{h}(x_i - \bar{x})f_i = 0$ を証明せよ.

(37) n 個の無作為抽出された標本 X_i の標本平均を $\bar{X}$ とした時,$\sum_{i=1}^{n}(X_i - \bar{X}) =$

0 を証明せよ.

(38) あるクラスの試験の点数を次のように修正することとした．この修正は平均値や標準偏差にどのような影響を与えるか答えよ．
   (a) どの点数にも 10 点プラスした．
   (b) どの点数も 10％増とした．

■ 和の期待値

(39) 互いに独立な $X_1, X_2, \cdots, X_n$ を，1 回の成功確率が p で，成功の時 1，失敗の時 0 となるベルヌーイ変数とする．この時，n 個の変数の和 $V = X_1 + X_2 + \cdots + X_n$ の平均は np，分散は npq になることを証明せよ．

■ 正規変数による $\bar{X}$ の分布

(40) ある食品メーカーは，自社製品の賞味期限が近似的に平均 25 日，標準偏差 4 日の正規分布に従っているということを経験的に知っていたとする．

ある時，賞味期限を延ばせる新技術でこの食品を生産したというので，試しにそこから 25 個の製品を取りだして，賞味期限を調べてみたところ，その標本平均値は 27 日であった．
この改良技術が賞味期限に何の影響ももたらしていないと前提して，標本平均が 27 日以上になる確率を求めなさい．

(41) (40) における改良技術による食品の正確な賞味期限を推定したい．その推定された標本平均値の誤差が，真の平均値から 0.5 日を超えないことを 95％の確率で推定するには，どの程度の大きさの標本を取らなければならないか．（但し，標準偏差は変わっていないものとする）．

(42) $X \sim N(30, 36)$ の時，
   (a) $X > 31$ となる確率を求めなさい．
   (b) $\bar{X} > 31$ となる確率を求めなさい．但し，標本の大きさは 16 と

する.

■ 非正規変数の $\bar{X}$ の分布（中心極限定理）

(43) ある MD ディスクの連続書き込み回数の限度は，数年の経験から，平均 1180 回，標準偏差 90 回であることが分かっている．今，この製品の中から 100 枚の標本を無作為に取り出して調べた時，その標本平均 $\bar{X}$ が 1165 回以下になる確率を求めなさい．

(44) 過去の経験から，ある化学繊維の布の切断強度の平均値が 500 kg，標準偏差が 25 kg であったとする．標本平均の誤差がこの平均値より 5 kg 以上にならない確率を 95% にするには，何枚の標本を調べればよいか．

■ 仮説検定の考え方

(45) (43) で，改良技術によって生産された製品 100 枚について書き込み回数の限度を調べたところ，その平均値が 1200 回をだったとした時，この新技術は平均値を高める影響を与えているかどうかを判定せよ．

(46) (43) で標準偏差 σ の値が分かっていないとする．この時得られた標本から，標本標準偏差 100 が得られたとする．このとき (45) の判定結果は変わるか．

■ 標本平均の差，比率の差の検定

(47) 携帯電話の充電池の平均寿命は，メーカー毎に独立に正規分布に従っているものとする．大量の携帯電話を購入しようと思っている企業経営者は，二つのメーカーの携帯電話を 50 台ずつ購入した．これらの電話を検査したところ，M 社製の携帯は平均寿命が 672 分で，一方，S 社製の携帯は 600 分であった．

今，品質の差が充電池の平均寿命で測られるとして，この両メーカーの携帯電話の品質に差があると言えるかどうか判定せよ．但し，M 社製の寿命の標準偏差は 120 分，S 社製の標準偏差は 180 分とする．

(48) ある病院が，それぞれ 50 人からなる 2 組の末期癌患者グループを組織し，二通りの方法で抗ガン剤治療を行った．長年の治療の結果，第一組は 22 人が生存し，第二組は 18 人が生存していた．この時，この 2 種類の抗ガン剤の間に実質的な差はないと言えるか．

(49) 外務高官に志願してきた 200 人の応募者に対して採用試験が行われた．この 200 人を，総得点に応じて上位 30% と残り 70% の 2 組に分けたとする．試験問題の 1 番を正解した者は，上位の組で 40 人，下位の組では 70 人だった．この問題は能力の判定に役立たない問題であると言えるか．

■ χ^2 検定の例題

(50) X を平均 $\mu = 50$，未知分散 σ^2 の正規分布に従う確率変数とする．この母集団から 10 個の標本を無作為抽出し σ^2 を推定するとする．このとき，σ^2 の推定値として $\dfrac{\sum_{i=1}^{10}(X_i - 50)^2}{10}$ を選ぶとすると，この推定値が真の分散と誤差 30% 以内になる確率はいくらか．（χ^2 分布表の精度にバラツキがあるので，答えは式だけでもいい）．

(51) ある国の独裁者が，対空ミサイルを空中の狙った 1 点から半径 100m 以内の誤差で爆発させるようにしたいと考えた．空中のその爆発点を原点とした時の誤差を，x, y, z で表すと，これらは今それぞれ独立に標準偏差 50m の正規分布に従うとする．この時，誤差が半径 100m 以内になる確率を求めなさい．

ヒント：球の方程式を用いて考えよ．

(52) X を正規変数とし，$\bar{X} = 40, U = 10, n = 16$ の時（但し，U は不偏標準偏差，n は標本数とする），

 (a) 帰無仮説 $H_0 : \sigma = 7.5$ を検定せよ．但し，対立仮説を，$H_1 : \sigma > 7.5$ とする．

 (b) σ^2 の 90% 信頼限界を求めなさい．

■ t 分布

(53) スチューデント t 分布について，$E[t] = 0$ を証明せよ．

(54) X を正規変数とし，$\bar{X} = 40, U = 5, n = 16$ の時，

(a) 帰無仮説 $H_0 : \mu = 42$ を検定せよ．但し，対立仮説を，$H_1 : \mu < 42$ とする．

(b) μ の 95％信頼限界を求めなさい．

(55) X を正規変数とし，$\bar{X} = 30, U = 5, n = 10$ の時，μ の 99％信頼限界を求めなさい．

■ t 検定

(56) ある風邪薬を 10 人の患者に使用したところ，睡眠時間の増加に関して次の表のような結果が得られた．この風邪薬は睡眠時間を増加させる効果があると言えるか判定せよ．

患者番号	1	2	3	4	5	6	7	8	9	10
増加時間	3.7	2.0	1.2	3.4	1.8	0.7	0.1	-1.1	0.8	-0.2

■ 平均値の差の検定への応用 *

(57) A 大学と B 大学のそれぞれから 10 人ずつ選抜して，ある実力テスト（10点満点）を施したところ，以下のような成績結果であった．

	1	2	3	4	5	6	7	8	9	10
A 大学	6.2	5.7	6.5	6	6.3	5.8	5.7	6	6	5.8
B 大学	5.6	5.9	5.6	5.7	5.8	5.7	6	5.5	5.7	5.5

この時，帰無仮説 $H_0 : \mu_E = \mu_H$ を，対立仮説 $H_0 : \mu_E > \mu_H$ に対して検定せよ．但し，: μ_E は A 大学の母平均，μ_H は B 大学の母平均を表す．

■ F 分布

(58) 2つの正規母集団からそれぞれ大きさ 25 と 15 の標本を取ったところ，$U_1 = 35, U_2 = 20$ を得た．この時，仮説 $H_0 : \sigma_1 = \sigma_2$ を検定せよ．

(59) (57) の表（A 大学と B 大学の成績比較表）において，不偏標本分散はそれぞれ $U_1^2 = 0.071, U_2^2 = 0.027$ と計算される．この時，大学間の成績の分散に差異がないかどうか検定せよ．

■ 分散分析

(60) 1〜4 までの地区で畑を有している 5 人（$a \sim e$ 氏）が，ワイン用のブドウを収穫したところ，次のような結果になった（単位：t）．5 人の間には収穫量に関して有意な差異がない（列変動の影響がない）という帰無仮説を検定せよ．（但し，下記の偏差を利用せよ）．

	a 氏	b 氏	c 氏	d 氏	e 氏	行平均
地区 1	353	367	363	310	299	338.4
地区 2	293	314	335	284	264	298
地区 3	306	377	339	307	311	328
地区 4	312	342	312	267	266	299.8
列平均	316	350	337.25	292	285	316.05

$$\sum_{j=1}^{5}(\overline{x_{\cdot j}} - \overline{x})^2 = 3144.55, \sum_{i=1}^{4}(\overline{x_{i \cdot}} - \overline{x})^2 = 1232.19,$$

$$\sum_{i=1}^{4}\sum_{j=1}^{5}(x_{ij} - \overline{x_{\cdot j}})^2 = 8612.75$$

但し，$\overline{x_{\cdot j}}$ は列平均，$\overline{x_{i \cdot}}$ は行平均，$\overline{x}$ は総平均を表す．

■ 最尤推定法

(61) 今，確率変数 X について 5 回の観測で，$x_1 = 3.9, x_2 = 0.7, x_3 = 5.4, x_4 = 2.3, x_5 = 4.2$ が得られたとする．この確率変数が，$f(X; \theta) = \theta e^{-\theta x}, x > 0, \theta > 0$ という密度関数に従うとすると，この θ の値を推定せよ．

(62) ある実験を行う際に，特定の事象 A が起こる確率を p とし，事象 A が起こるまで実験を行うとする．この時の実験回数を確率変数 X とすると，その密度関数は，$f(X;p) = (1-p)^{x-1}p$ と表現できる．
　　(a) この実験を 1 回だけ行なった時，p の最尤推定量を求めなさい．
　　(b) この実験を n 回行なった時，p の最尤推定量を求めなさい．

■ 尤度比検定法

(63) 確率変数 X が $N(0, \sigma^2)$ に従うとするとき，$H_0 : \sigma = 1$ を検定するための，尤度比 λ を求めなさい．

付録C. 問題解答例

練習問題解答例

■ 確率

1.1 $S = \{(グ,グ),(グ,チ),(グ,パ),(チ,グ),(チ,チ),(チ,パ),(パ,グ),(パ,チ),(パ,パ)\}$. 各標本の確率は $P = \frac{1}{9}$

1.2 $P = (\frac{1}{3})^n 2^{n-1}$, あるいは, $P = (\frac{2}{3})^{n-1}\frac{1}{3}$

1.3 $(1) P = \frac{1}{6}$,　$(2) P(青) = \frac{2}{3}, P(黄) = \frac{1}{3}$

1.4 $(1) P = \frac{1}{10}$,　$(2) P(ホ,ホ) = \frac{3}{10}, P(ホ,普) = \frac{3}{5}, P(普,普) = \frac{1}{10}$

1.5 （略）

1.6 $P(A \cap B) = 0.0045$

1.7 （略）

1.8 （略）

1.9 $P = 0.25$

1.10 $P = 0.25$

1.11 $P = 0.148$

1.12 $P = 0.059$

1.13 $(1) P = 0.048$,　$(2) P = 0.041$

1.14 $(1) P = 0.5$,　$(2) P = 0.45, (3) P = 0.367$

1.15 $(1) P = 0.063$,　$(2) P = 0.031, (3) P = 0.318$

1.16 （略）

1.17 $P = 0.667$

1.18 $P = 0.286$

1.19 $P = 0.0399$

1.20 $P = 0.00858$

1.21 $P = 0.778$

1.22 $P = 0.743$

1.23 $P = 0.409$

■ 離散型確率分布

2.1 (1) (a) $\alpha = \frac{1}{6}$ (b) $\frac{3}{4}, \frac{11}{12}, \frac{5}{12}, \frac{1}{3}$ (2) (a)

X	0	1	2	3	計
P	$\frac{1}{8}$	$\frac{3}{8}$	$\frac{3}{8}$	$\frac{1}{8}$	1

(b) $\frac{7}{8}$, $\frac{5}{8}$, (c) $\frac{1}{4}$

2.2 (1) $E(X) = \frac{5}{2}, V(X) = \frac{7}{4}, \sigma(X) = \frac{\sqrt{7}}{2}$, (2) $E(X) = \frac{3}{2}, V(X) = \frac{3}{4}, \sigma(X) = \frac{\sqrt{3}}{2}$

2.3 (1) $b = -5, \sigma = 3$, (2) $E(X) = -\frac{9}{2}, V(X) = \frac{81}{16}$

2.4 (1) $\frac{7}{32}$, (2) $\frac{1}{256}$, (3) $\frac{23}{64}$, (4) $\frac{93}{128}$

2.5 (1) $E(X) = 10, V(X) = 9, \sigma(X) = 3$, (2) $n = 2500, p = \frac{1}{50}$

2.6 (1) $E(X) = \frac{100}{3}, V(X) = \frac{200}{9}, \sigma(X) = \frac{10\sqrt{2}}{3}$, (2) $E(X) = 90, V(X) = 9, \sigma(X) = 3, P(X \geq 99) = \frac{100 \times 9^{99}}{10^{100}} + \frac{9^{100}}{10^{100}}$

2.7 (1) $36e^{-6}$, (2) $25e^{-6}$, (3) $108e^{-6}$, (4) $1 - 54e^{-6}$

2.8 (1) $\frac{32}{3}e^{-4}$, (2) $7e^{-2}$

■ 連続形確率分布

3.1 (1) $a = 2, \frac{1}{4}, \frac{3}{4}$, (2) $a = \frac{1}{4}, \frac{1}{8}, \frac{7}{8}$

3.2 (1) $E(X) = \frac{2}{3}, V(X) = \frac{1}{18}, \sigma(X) = \frac{\sqrt{2}}{6}$, (2) $E(X) = 0, V(X) = \frac{2}{3}, \sigma(X) = \frac{\sqrt{6}}{3}$

3.3 $\frac{1}{12}, E(X) = \pi$

3.4 (1) 0.1255, (2) 0.4772

3.5 (1) 0.21174, (2) 0.01390, (3) 0.91044, (4) 0.68268

3.6 (1) 0.66871, 0.06681, (2) 0.15866, 0.24173

3.7 (1) $c = 0.44$, (2) $\mu = 2.7$

3.8 (1) 約 92 人, (2) (a) 約 364 人 (b) 83(82.35) 点以上

3.9 (1) 0.52121, (2) 0.35713, (3) 63(62.15) 回以上

■ 資料の整理

4.1 (1) $\bar{x} = 67.0$, 中央値 70, (2) $\bar{x} = 28.0$, 中央値 12
4.2 (1) $\sigma^2 = 436.6$, $\sigma = 20.9$, (2) $\sigma^2 = 941.6$, $\sigma = 30.7$
4.3

階級 以上-未満	-15 -5	-5 5	5 15	15 25	25 35	35 45	計
階級値	-10	0	10	20	30	40	
度数	1	2	6	11	7	3	30
相対度数	0.033	0.067	0.200	0.367	0.233	0.100	1.000

4.4 (略)
4.5 (1) $\bar{x} = 20.0$, 中央値 20, モード 20, $\sigma^2 = 140$, $\sigma = 11.83$, (2) $\bar{x} = 3.80$, 中央値 4, モード 4, $\sigma^2 = 1.87$, $\sigma = 1.37$
4.6 (1) $a = \frac{3}{5}, b = 21$, (2) $\bar{x} = 3, \sigma_x = \frac{3}{2}$

■ 母集団と標本

5.1 (1) $E(W) = -\frac{5}{2}, V(W) = \frac{417}{8}$, (2) 36
5.2 期待値 7, 分散 $\frac{35}{6}$
5.3 (1) $E(W) = 170, V(W) = 18$, (2) 3π
5.4 (1) $E(\bar{X}) = 5, V(\bar{X}) = \frac{1}{20}$, (2) $E(\bar{X}) = 15, V(\bar{X}) = \frac{15}{2}$ (3) $E(\bar{X}) = 170, V(\bar{X}) = \frac{9}{25}$
5.5 (1) 0.9545, (2) 0.02275
5.6 (1) $E(\hat{P}) = 0.7, V(\hat{P}) = 0.0021$, (2) $E(\hat{P}) = 0.4, V(\hat{P}) = 0.0024$
5.7 (1) 0.97074, (2) 0.02068

■ 推定

6.1 (1) $\bar{x} = 32.0, u^2 = 7.47$, (2) 7.1
6.2 (1) $95\% \cdots 122.35 \leq \mu \leq 123.65, 99\% \cdots 122.14 \leq \mu \leq 123.86$, (2) $95\% \cdots \bar{x} - 1.96\sqrt{\frac{\sigma^2}{n}} \leq \mu \leq \bar{x} + 1.96\sqrt{\frac{\sigma^2}{n}}, 99\% \cdots \bar{x} - 2.575\sqrt{\frac{\sigma^2}{n}} \leq \mu \leq$

$\bar{x} + 2.575\sqrt{\frac{\sigma^2}{n}}$

6.3 (1) $95\% \cdots 168.66 \leq \mu \leq 175.34, 99\% \cdots 167.25 \leq \mu \leq 176.75$, (2) $95\% \cdots \bar{x} - 2.306\sqrt{\frac{u^2}{n}} \leq \mu \leq \bar{x} + 2.306\sqrt{\frac{u^2}{n}}, 99\% \cdots \bar{x} - 3.355\sqrt{\frac{u^2}{n}} \leq \mu \leq \bar{x} + 3.355\sqrt{\frac{u^2}{n}}$

6.4 $234.05 \leq \mu \leq 245.95$

6.5 (1) $\hat{P} - 2.575\sqrt{\frac{\hat{P}(1-\hat{P})}{n}} \leq p \leq \hat{P} + 2.575\sqrt{\frac{\hat{P}(1-\hat{P})}{n}}$, (2) $14.85\% \leq p \leq 25.15\%$ (3) $6420 \leq K \leq 7980$

6.6 $16.35 \leq \sigma^2 \leq 45.74$

■ 検定

以下では，実現値 $\bar{x}$ が棄却域 R に，入っていることを $\bar{x} \in R$, 入っていないことを $\bar{x} \notin R$ と書く．

7.1 (1) $\bar{x} = 172 \in \{x \geq 171.75\}$ より「171」とは見なせない．つまり「伸びた」と言える．(2) $\bar{x} = 19.5 \notin \{x \leq 19.12\}$ より「20.0」と見なせる，つまり「弱くなった」とは言えない．

7.2 (1) $\bar{x} = 32.0 \notin \{|x - 32.5| \geq 0.66\}$ より「32.5」と見なせる，つまり「差異が出た」とは言えない．(2) $\bar{x} = 36.8 \in \{|x - 36.6| \geq 0.02\}$ より「36.6 °C」とは見なせない．

7.3 (1) $\bar{x} = 330 \in \{|x - 300| \geq 25.4\}$ より「300」とは見なせない．(2) $\bar{x} = 92.5 \in \{x \leq 92.633\}$ より「93.0」とは見なせない，つまり「効果があった」と言える．

7.4 (1) $\bar{x} = 380 \in \{|x - 400| \geq 9.8\}$ より「400円」とは見なせない，つまり「昨年並み」とは言えない．(2) $\bar{x} = 85 \in \{x \geq 81.6\}$ より「80 食と同じ」とは見なせない，つまり「注文数は増えた」と言える．

7.5 (1) $\bar{x} = 30\% \in \{|x - 35\%| \geq 3\%\}$ より「35%」と見なせない．(2) $\bar{x} = 5\% \in \{x \geq 4.7\%\}$ より「4%」と見なせない，つまり「異常が発生した」と言える．(3) $\bar{x} = \frac{1}{8} = 0.125 \in \{x \leq 0.131\}$ より「$\frac{1}{7} = 0.143$」と見なせない，つまり「少ない」と言える．

7.6 回帰直線 $Y = 2.24X - 2.34$, 相関係数 0.996, 比重 2.24.

補充練習問題解答例

■ 確率
(1) (a)0.516,(b)0.323,(c)0.161,
(2) A 店

■ 離散型確率分布
(3) (a)$P = 0.031$,(b)$f(x) = (0.5)^x$,
(4) (a)$P(X = 3) = 0.061$, (b)$P(X < 2) = 0.736$

■ 連続型確率分布
(5) (a)$c = 0.33$,(b)$P(X < 2) = 0.33$,(c)$P(X > 1.5) = 0.83$,
(6) (a)$c = 1$,(b)$P(X < 2) = 0.594$,(c)$P(2 < X < 3) = 0.207$

■ 同時密度関数（離散）
(7) $f(0,0) = 0.559, f(0,1) = 0.191, f(1,0) = 0.191, f(1,1) = 0.059$,
(8) $f(0,0) = 0.5625, f(0,1) = 0.1875, f(1,0) = 0.1875, f(1,1) = 0.0625$,
(9) $f(x,y) = \frac{{}_2C_x \, {}_2C_y \, {}_2C_{2-x-y}}{{}_6C_2}, 0 \leq x+y \leq 2, x, y = 0, 1, 2.$,
(10) $f(1,1) = 0.267, f(1) = 0.533, f(0|1) = 0.5$,
(11) $f(x) = \frac{1}{15}(x+4)$,
(12) $f(y) = \frac{1}{15}(4y+1)$,
(13) $f(y|x) = \frac{x+4y}{3(x+4)}$

■ 同時密度関数（連続）
(14) $P(1 < X < 3, 0 < Y < 1) = 0.201$

■ 期待値の計算
(15) 150 円,
(16) (a)180 円,(b)360 円,

(17) 100 円,
(18) 平均 3.5, 分散 2.92

■ 2 項分布
(19) 0.032,
(20) 0.997,
(21) 0.608,
(22) (a)0.22,(b)0.90,
(23) 0.016

■ ポアソン分布
(24) 0.997,
(25) (a)0.223,(b)0.343

■ 正規分布
(26) (a)0.9772,(b)0.0215

■ 2 項分布の正規近似
(27) 0.383,
(28) 0.397,
(29) 0.1686,
(30) 0.1768,
(31) 0.367

■ 比率への応用
(32) 約 385 人以上
(33) 27.36%
(34) 91.64%

■ 度数分布表

(35) (a)

x_i	f_i	$x_i f_i$	$x_i - \bar{x}$	$(x_i - \bar{x})f_i$	$(x_i - \bar{x})^2$	$(x_i - \bar{x})^2 f_i$
1	3	3	-2.57	-7.70	6.59	19.76
2	1	2	-1.57	-1.57	2.45	2.45
3	8	24	-0.57	-4.53	0.32	2.57
4	12	48	0.43	5.20	0.19	2.25
5	6	30	1.43	8.60	2.05	12.33
計	30	107	-2.83	0	11.61	39.37

(b) 3.567, (c) $U^2 = 1.357, S^2 = 1.312$,

(36) 略,

(37) 略,

(38) (a) 平均値は 10 点増となる．標準偏差は変わらない．(b) 平均値は 10%増となる．標準偏差も 10%増となる．

■ 和の期待値

(39) 略,

■ 正規変数による $\bar{X}$ の分布

(40) 0.006,

(41) 約 246 個,

(42) (a) 0.432, (b) 0.251

■ 非正規変数の の分布（中心極限定理）

(43) 0.0475,

(44) 約 96 枚

■ 仮説検定の考え方

(45) 有意水準 5%で，平均値を高めていると判断できる．

(46) 変わらない.

■ 標本平均の差，比率の差の検定
(47) 片側検定では，有意水準 1% で品質に差があると言える．両側検定では，有意水準 5% で品質に差があると言える．
(48) 2 種類の抗ガン剤の間に実質的な差はないと言える．
(49) 片側 5% 水準で，能力の判定に役立つ．

■ χ^2 検定の例題
(50) $P(7 < \chi^2(10) < 13)$ を求めればよい．$P = 0.502$,
(51) $P(\chi^2(3) < 4)$ を求めればよい．$P = 0.739$.
(52) (a) 有意水準 5% で，H_0 は棄却される．(b) $60 < \sigma^2 < 206.6$

■ t 分布
(53) 略,
(54) (a) H_0 は棄却されない．(b) $37.336 < \mu < 42.663$,
(55) $24.861 < \mu < 35.139$

■ t 検定
(56) 有意水準 5% で，この風邪薬は睡眠時間を増加させる効果があると言える．
(57) 自由度 18 の t 分布表より H_0 は棄却されない．

■ F 分布
(58) F 値は 3.063 となり，$3.063 > F_{0.05}(24, 14)$ なので，有意水準 5% で H_0 は棄却される．
(59) F 値は 2.63 となり，$2.63 < F_{0.05}(9, 9)$ なので，大学間の成績の分散には差がないと言える．

■ 分散分析
(60) F 値は 5.477 となり，$5.477 > F_{0.01}(4, 15)$ なので，有意水準 1% で H_0 は棄却され，5 人の収穫量には有意な差があると言える．

■ 最尤推定法
(61) 0.303,
(62) (a)$\hat{p} = \frac{1}{x}$, (b)$\hat{p} = \frac{n}{\sum x_i}$

■ 尤度比検定法
(63) $\lambda = [\frac{1}{n} \sum x_i^2]^{\frac{n}{2}} e^{\frac{1}{2}(n - \sum x_i^2)}$.

付録

付録 D 数値表

付録D. 数値表

正規分布の確率

z	0	0.01	0.02	0.03	0.04	0.05	0.06	0.07	0.08	0.09
0.0	0.0000	0.0040	0.0080	0.0120	0.0160	0.0199	0.0239	0.0279	0.0319	0.0359
0.1	0.0398	0.0438	0.0478	0.0517	0.0557	0.0596	0.0636	0.0675	0.0714	0.0753
0.2	0.0793	0.0832	0.0871	0.0910	0.0948	0.0987	0.1026	0.1064	0.1103	0.1141
0.3	0.1179	0.1217	0.1255	0.1293	0.1331	0.1368	0.1406	0.1443	0.1480	0.1517
0.4	0.1554	0.1591	0.1628	0.1664	0.1700	0.1736	0.1772	0.1808	0.1844	0.1879
0.5	0.1915	0.1950	0.1985	0.2019	0.2054	0.2088	0.2123	0.2157	0.2190	0.2224
0.6	0.2257	0.2291	0.2324	0.2357	0.2389	0.2422	0.2454	0.2486	0.2517	0.2549
0.7	0.2580	0.2611	0.2642	0.2673	0.2704	0.2734	0.2764	0.2794	0.2823	0.2852
0.8	0.2881	0.2910	0.2939	0.2967	0.2995	0.3023	0.3051	0.3078	0.3106	0.3133
0.9	0.3159	0.3186	0.3212	0.3238	0.3264	0.3289	0.3315	0.3340	0.3365	0.3389
1.0	0.3413	0.3438	0.3461	0.3485	0.3508	0.3531	0.3554	0.3577	0.3599	0.3621
1.1	0.3643	0.3665	0.3686	0.3708	0.3729	0.3749	0.3770	0.3790	0.3810	0.3830
1.2	0.3849	0.3869	0.3888	0.3907	0.3925	0.3944	0.3962	0.3980	0.3997	0.4015
1.3	0.4032	0.4049	0.4066	0.4082	0.4099	0.4115	0.4131	0.4147	0.4162	0.4177
1.4	0.4192	0.4207	0.4222	0.4236	0.4251	0.4265	0.4279	0.4292	0.4306	0.4319
1.5	0.4332	0.4345	0.4357	0.4370	0.4382	0.4394	0.4406	0.4418	0.4429	0.4441
1.6	0.4452	0.4463	0.4474	0.4484	0.4495	0.4505	0.4515	0.4525	0.4535	0.4545
1.7	0.4554	0.4564	0.4573	0.4582	0.4591	0.4599	0.4608	0.4616	0.4625	0.4633
1.8	0.4641	0.4649	0.4656	0.4664	0.4671	0.4678	0.4686	0.4693	0.4699	0.4706
1.9	0.4713	0.4719	0.4726	0.4732	0.4738	0.4744	0.4750	0.4756	0.4761	0.4767
2.0	0.4772	0.4778	0.4783	0.4788	0.4793	0.4798	0.4803	0.4808	0.4812	0.4817
2.1	0.4821	0.4826	0.4830	0.4834	0.4838	0.4842	0.4846	0.4850	0.4854	0.4857
2.2	0.4861	0.4864	0.4868	0.4871	0.4875	0.4878	0.4881	0.4884	0.4887	0.4890
2.3	0.4893	0.4896	0.4898	0.4901	0.4904	0.4906	0.4909	0.4911	0.4913	0.4916
2.4	0.4918	0.4920	0.4922	0.4925	0.4927	0.4929	0.4931	0.4932	0.4934	0.4936
2.5	0.4938	0.4940	0.4941	0.4943	0.4945	0.4946	0.4948	0.4949	0.4951	0.4952
2.6	0.4953	0.4955	0.4956	0.4957	0.4959	0.4960	0.4961	0.4962	0.4963	0.4964
2.7	0.4965	0.4966	0.4967	0.4968	0.4969	0.4970	0.4971	0.4972	0.4973	0.4974
2.8	0.4974	0.4975	0.4976	0.4977	0.4977	0.4978	0.4979	0.4979	0.4980	0.4981
2.9	0.4981	0.4982	0.4982	0.4983	0.4984	0.4984	0.4985	0.4985	0.4986	0.4986
3.0	0.4987	0.4987	0.4987	0.4988	0.4988	0.4989	0.4989	0.4989	0.4990	0.4990

χ^2 分布のパーセント点

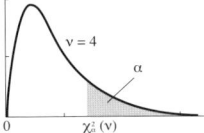

$\nu \backslash \alpha$	0.99	0.975	0.95	0.90	0.75	0.50	0.10	0.05	0.025	0.01
1	0.0002	0.0010	0.0039	0.0158	0.1015	0.4549	2.7055	3.8415	5.0239	6.6349
2	0.0201	0.0506	0.1026	0.2107	0.5754	1.3863	4.6052	5.9915	7.3778	9.2103
3	0.1148	0.2158	0.3518	0.5844	1.2125	2.3660	6.2514	7.8147	9.3484	11.3449
4	0.2971	0.4844	0.7107	1.0636	1.9226	3.3567	7.7794	9.4877	11.1433	13.2767
5	0.5543	0.8312	1.1455	1.6103	2.6746	4.3515	9.2364	11.0705	12.8325	15.0863
6	0.8721	1.2373	1.6354	2.2041	3.4546	5.3481	10.6446	12.5916	14.4494	16.8119
7	1.2390	1.6899	2.1673	2.8331	4.2549	6.3458	12.0170	14.0671	16.0128	18.4753
8	1.6465	2.1797	2.7326	3.4895	5.0706	7.3441	13.3616	15.5073	17.5345	20.0902
9	2.0879	2.7004	3.3251	4.1682	5.8988	8.3428	14.6837	16.9190	19.0228	21.6660
10	2.5582	3.2470	3.9403	4.8652	6.7372	9.3418	15.9872	18.3070	20.4832	23.2093
11	3.0535	3.8157	4.5748	5.5778	7.5841	10.3410	17.2750	19.6751	21.9200	24.7250
12	3.5706	4.4038	5.2260	6.3038	8.4384	11.3403	18.5493	21.0261	23.3367	26.2170
13	4.1069	5.0088	5.8919	7.0415	9.2991	12.3398	19.8119	22.3620	24.7356	27.6882
14	4.6604	5.6287	6.5706	7.7895	10.1653	13.3393	21.0641	23.6848	26.1189	29.1412
15	5.2293	6.2621	7.2609	8.5468	11.0365	14.3389	22.3071	24.9958	27.4884	30.5779
16	5.8122	6.9077	7.9616	9.3122	11.9122	15.3385	23.5418	26.2962	28.8454	31.9999
17	6.4078	7.5642	8.6718	10.0852	12.7919	16.3382	24.7690	27.5871	30.1910	33.4087
18	7.0149	8.2307	9.3905	10.8649	13.6753	17.3379	25.9894	28.8693	31.5264	34.8053
19	7.6327	8.9065	10.1170	11.6509	14.5620	18.3377	27.2036	30.1435	32.8523	36.1909
20	8.2604	9.5908	10.8508	12.4426	15.4518	19.3374	28.4120	31.4104	34.1696	37.5662
21	8.8972	10.2829	11.5913	13.2396	16.3444	20.3372	29.6151	32.6706	35.4789	38.9322
22	9.5425	10.9823	12.3380	14.0415	17.2396	21.3370	30.8133	33.9244	36.7807	40.2894
23	10.1957	11.6886	13.0905	14.8480	18.1373	22.3369	32.0069	35.1725	38.0756	41.6384
24	10.8564	12.4012	13.8484	15.6587	19.0373	23.3367	33.1962	36.4150	39.3641	42.9798
25	11.5240	13.1197	14.6114	16.4734	19.9393	24.3366	34.3816	37.6525	40.6465	44.3141
26	12.1981	13.8439	15.3792	17.2919	20.8434	25.3365	35.5632	38.8851	41.9232	45.6417
27	12.8785	14.5734	16.1514	18.1139	21.7494	26.3363	36.7412	40.1133	43.1945	46.9629
28	13.5647	15.3079	16.9279	18.9392	22.6572	27.3362	37.9159	41.3371	44.4608	48.2782
29	14.2565	16.0471	17.7084	19.7677	23.5666	28.3361	39.0875	42.5570	45.7223	49.5879
30	14.9535	16.7908	18.4927	20.5992	24.4776	29.3360	40.2560	43.7730	46.9792	50.8922
100	70.0649	74.2219	77.9295	82.3581	90.1332	99.3341	118.4980	124.3421	129.5612	135.8067
120	86.9233	91.5726	95.7046	100.6236	109.2197	119.3340	140.2326	146.5674	152.2114	158.9502
140	104.0344	109.1369	113.6593	119.0293	128.3800	139.3339	161.8270	168.6130	174.6478	181.8403
160	121.3456	126.8700	131.7561	137.5457	147.5988	159.3338	183.3106	190.5165	196.9151	204.5301
180	138.8204	144.7413	149.9688	156.1526	166.8653	179.3338	204.7037	212.3039	219.0443	227.0561
200	156.4320	162.7280	168.2786	174.8353	186.1717	199.3337	226.0210	233.9943	241.0579	249.4451
240	191.9899	198.9839	205.1354	212.3856	224.8819	239.3337	268.4707	277.1376	284.8025	293.8881

(註) ν は自由度, α は確率を示す.

t 分布のパーセント点

$\alpha/2$	0.25	0.2	0.15	0.1	0.05	0.025	0.01	0.005	0.0025
α	0.5	0.4	0.3	0.2	0.1	0.05	0.02	0.01	0.005
n									
1	1.0000	1.3764	1.9626	3.0777	6.3138	12.7062	31.8205	63.6567	509.2952
2	0.8165	1.0607	1.3862	1.8856	2.9200	4.3027	6.9646	9.9248	28.2577
3	0.7649	0.9785	1.2498	1.6377	2.3534	3.1824	4.5407	5.8409	11.9838
4	0.7407	0.9410	1.1896	1.5332	2.1318	2.7764	3.7469	4.6041	8.1216
5	0.7267	0.9195	1.1558	1.4759	2.0150	2.5706	3.3649	4.0321	6.5414
6	0.7176	0.9057	1.1342	1.4398	1.9432	2.4469	3.1427	3.7074	5.7090
7	0.7111	0.8960	1.1192	1.4149	1.8946	2.3646	2.9980	3.4995	5.2022
8	0.7064	0.8889	1.1081	1.3968	1.8595	2.3060	2.8965	3.3554	4.8636
9	0.7027	0.8834	1.0997	1.3830	1.8331	2.2622	2.8214	3.2498	4.6224
10	0.6998	0.8791	1.0931	1.3722	1.8125	2.2281	2.7638	3.1693	4.4423
11	0.6974	0.8755	1.0877	1.3634	1.7959	2.2010	2.7181	3.1058	4.3028
12	0.6955	0.8726	1.0832	1.3562	1.7823	2.1788	2.6810	3.0545	4.1918
13	0.6938	0.8702	1.0795	1.3502	1.7709	2.1604	2.6503	3.0123	4.1013
14	0.6924	0.8681	1.0763	1.3450	1.7613	2.1448	2.6245	2.9768	4.0263
15	0.6912	0.8662	1.0735	1.3406	1.7531	2.1314	2.6025	2.9467	3.9630
16	0.6901	0.8647	1.0711	1.3368	1.7459	2.1199	2.5835	2.9208	3.9089
17	0.6892	0.8633	1.0690	1.3334	1.7396	2.1098	2.5669	2.8982	3.8623
18	0.6884	0.8620	1.0672	1.3304	1.7341	2.1009	2.5524	2.8784	3.8215
19	0.6876	0.8610	1.0655	1.3277	1.7291	2.0930	2.5395	2.8609	3.7857
20	0.6870	0.8600	1.0640	1.3253	1.7247	2.0860	2.5280	2.8453	3.7539
21	0.6864	0.8591	1.0627	1.3232	1.7207	2.0796	2.5176	2.8314	3.7255
22	0.6858	0.8583	1.0614	1.3212	1.7171	2.0739	2.5083	2.8188	3.7000
23	0.6853	0.8575	1.0603	1.3195	1.7139	2.0687	2.4999	2.8073	3.6770
24	0.6848	0.8569	1.0593	1.3178	1.7109	2.0639	2.4922	2.7969	3.6561
25	0.6844	0.8562	1.0584	1.3163	1.7081	2.0595	2.4851	2.7874	3.6371
26	0.6840	0.8557	1.0575	1.3150	1.7056	2.0555	2.4786	2.7787	3.6197
27	0.6837	0.8551	1.0567	1.3137	1.7033	2.0518	2.4727	2.7707	3.6037
28	0.6834	0.8546	1.0560	1.3125	1.7011	2.0484	2.4671	2.7633	3.5889
29	0.6830	0.8542	1.0553	1.3114	1.6991	2.0452	2.4620	2.7564	3.5753
30	0.6828	0.8538	1.0547	1.3104	1.6973	2.0423	2.4573	2.7500	3.5626
50	0.6794	0.8489	1.0473	1.2987	1.6759	2.0086	2.4033	2.6778	3.4214
60	0.6786	0.8477	1.0455	1.2958	1.6706	2.0003	2.3901	2.6603	3.3876
80	0.6776	0.8461	1.0432	1.2922	1.6641	1.9901	2.3739	2.6387	3.3462
99	0.6770	0.8453	1.0419	1.2902	1.6604	1.9842	2.3646	2.6264	3.3227
100	0.6770	0.8452	1.0418	1.2901	1.6602	1.9840	2.3642	2.6259	3.3218
120	0.6765	0.8446	1.0409	1.2886	1.6577	1.9799	2.3578	2.6174	3.3057
240	0.6755	0.8431	1.0387	1.2851	1.6512	1.9699	2.3420	2.5965	3.2660

（註）ν は自由度，α は確率を示す．

F 分布のパーセント点

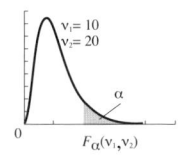

$\nu_2 \backslash \nu_1$	2	3	4	5	9	10	15	20	24	50
1	**199.500**	**215.707**	**224.583**	**230.162**	**240.543**	**241.882**	**245.950**	**248.013**	**249.052**	**251.774**
	4999.500	5403.352	5624.583	5763.650	6022.473	6055.847	6157.285	6208.730	6234.631	6302.517
2	**19.000**	**19.164**	**19.247**	**19.296**	**19.385**	**19.396**	**19.429**	**19.446**	**19.454**	**19.476**
	99.000	99.166	99.249	99.299	99.388	99.399	99.433	99.449	99.458	99.479
3	**9.552**	**9.277**	**9.117**	**9.013**	**8.812**	**8.786**	**8.703**	**8.660**	**8.639**	**8.581**
	30.817	29.457	28.710	28.237	27.345	27.229	26.872	26.690	26.598	26.354
4	**6.944**	**6.591**	**6.388**	**6.256**	**5.999**	**5.964**	**5.858**	**5.803**	**5.774**	**5.699**
	18.000	16.694	15.977	15.522	14.659	14.546	14.198	14.020	13.929	13.690
5	**5.786**	**5.409**	**5.192**	**5.050**	**4.772**	**4.735**	**4.619**	**4.558**	**4.527**	**4.444**
	13.274	12.060	11.392	10.967	10.158	10.051	9.722	9.553	9.466	9.238
6	**5.143**	**4.757**	**4.534**	**4.387**	**4.099**	**4.060**	**3.938**	**3.874**	**3.841**	**3.754**
	10.925	9.780	9.148	8.746	7.976	7.874	7.559	7.396	7.313	7.091
7	**4.737**	**4.347**	**4.120**	**3.972**	**3.677**	**3.637**	**3.511**	**3.445**	**3.410**	**3.319**
	9.547	8.451	7.847	7.460	6.719	6.620	6.314	6.155	6.074	5.858
8	**4.459**	**4.066**	**3.838**	**3.687**	**3.388**	**3.347**	**3.218**	**3.150**	**3.115**	**3.020**
	8.649	7.591	7.006	6.632	5.911	5.814	5.515	5.359	5.279	5.065
9	**4.256**	**3.863**	**3.633**	**3.482**	**3.179**	**3.137**	**3.006**	**2.936**	**2.900**	**2.803**
	8.022	6.992	6.422	6.057	5.351	5.257	4.962	4.808	4.729	4.517
10	**4.103**	**3.708**	**3.478**	**3.326**	**3.020**	**2.978**	**2.845**	**2.774**	**2.737**	**2.637**
	7.559	6.552	5.994	5.636	4.942	4.849	4.558	4.405	4.327	4.115
11	**3.982**	**3.587**	**3.357**	**3.204**	**2.896**	**2.854**	**2.719**	**2.646**	**2.609**	**2.507**
	7.206	6.217	5.668	5.316	4.632	4.539	4.251	4.099	4.021	3.810
12	**3.885**	**3.490**	**3.259**	**3.106**	**2.796**	**2.753**	**2.617**	**2.544**	**2.505**	**2.401**
	6.927	5.953	5.412	5.064	4.388	4.296	4.010	3.858	3.780	3.569
13	**3.806**	**3.411**	**3.179**	**3.025**	**2.714**	**2.671**	**2.533**	**2.459**	**2.420**	**2.314**
	6.701	5.739	5.205	4.862	4.191	4.100	3.815	3.665	3.587	3.375
14	**3.739**	**3.344**	**3.112**	**2.958**	**2.646**	**2.602**	**2.463**	**2.388**	**2.349**	**2.241**
	6.515	5.564	5.035	4.695	4.030	3.939	3.656	3.505	3.427	3.215
15	**3.682**	**3.287**	**3.056**	**2.901**	**2.588**	**2.544**	**2.403**	**2.328**	**2.288**	**2.178**
	6.359	5.417	4.893	4.556	3.895	3.805	3.522	3.372	3.294	3.081
20	**3.493**	**3.098**	**2.866**	**2.711**	**2.393**	**2.348**	**2.203**	**2.124**	**2.082**	**1.966**
	5.849	4.938	4.431	4.103	3.457	3.368	3.088	2.938	2.859	2.643
30	**3.316**	**2.922**	**2.690**	**2.534**	**2.211**	**2.165**	**2.015**	**1.932**	**1.887**	**1.761**
	5.390	4.510	4.018	3.699	3.067	2.979	2.700	2.549	2.469	2.245
40	**3.232**	**2.839**	**2.606**	**2.449**	**2.124**	**2.077**	**1.924**	**1.839**	**1.793**	**1.660**
	5.179	4.313	3.828	3.514	2.888	2.801	2.522	2.369	2.288	2.058
50	**3.183**	**2.790**	**2.557**	**2.400**	**2.073**	**2.026**	**1.871**	**1.784**	**1.737**	**1.599**
	5.057	4.199	3.720	3.408	2.785	2.698	2.419	2.265	2.183	1.949
60	**3.150**	**2.758**	**2.525**	**2.368**	**2.040**	**1.993**	**1.836**	**1.748**	**1.700**	**1.559**
	4.977	4.126	3.649	3.339	2.718	2.632	2.352	2.198	2.115	1.877
80	**3.111**	**2.719**	**2.486**	**2.329**	**1.999**	**1.951**	**1.793**	**1.703**	**1.654**	**1.508**
	4.881	4.036	3.563	3.255	2.637	2.551	2.271	2.115	2.032	1.788
100	**3.087**	**2.696**	**2.463**	**2.305**	**1.975**	**1.927**	**1.768**	**1.676**	**1.627**	**1.477**
	4.824	3.984	3.513	3.206	2.590	2.503	2.223	2.067	1.983	1.735
120	**3.072**	**2.680**	**2.447**	**2.290**	**1.959**	**1.910**	**1.750**	**1.659**	**1.608**	**1.457**
	4.787	3.949	3.480	3.174	2.559	2.472	2.192	2.035	1.950	1.700
240	**3.033**	**2.642**	**2.409**	**2.252**	**1.919**	**1.870**	**1.708**	**1.614**	**1.563**	**1.404**
	4.695	3.864	3.398	3.094	2.482	2.395	2.114	1.956	1.870	1.612

(註) 分子の自由度 ν_1, 分母の自由度 ν_2 の F 分布表. 上段 (太字) が 5% 水準, 下段が 1% 水準を示す.

索　引

あ 行

一様分布, 57
一致推定量, 133

か 行

回帰直線, 159
階級, 85
階級値, 85
カイ 2 乗分布, 74
階乗, 14
確率, 5
確率分布, 19, 46
確率分布関数, 46
確率変数, 19
確率変数の独立, 102
確率密度関数, 46
仮説検定, 148
片側検定, 150
ガンマ関数, 73
棄却域, 148
棄却する, 148
危険率, 148
規準化, 27
期待値, 24, 53
帰無仮説, 148
共分散, 160
区間推定, 127
経験的確率, 123

さ 行

最小 2 乗法, 159
最頻値, 88
最尤推定値, 162
最良棄却域, 164
事象, 3
条件付き確率, 9
信頼区間, 135
信頼度, 135
推定, 126
推定値, 127
推定量, 127
正規分布, 59
全数調査, 99
相関係数, 160
相対度数, 85
相対度数分布表, 85
総度数, 85

た 行

第 1 種の誤り, 149
第 2 種の誤り, 149
大数の法則, 122
対立仮説, 150
互いに独立, 10
単一事象, 7
中央値, 80, 88
抽出, 99
点推定, 127

統計調査, 99
統計量, 110
独立, 102, 106
度数, 85
度数分布表, 85

な 行
二項分布, 31
二項母集団, 117

は 行
左側検定, 150
非復元抽出, 100
標準化, 27
標準正規分布, 59
標準正規分布表, 63
標準偏差, 24, 53, 82, 88
標本, 99
標本空間, 2
標本調査, 99
標本の大きさ, 99
標本標準偏差, 111
標本比率, 117
標本分散, 111
標本分布, 110
標本平均, 111
復元抽出, 100
不偏推定量, 128
不偏性, 128
不偏分散, 111
分散, 24, 53, 82, 88
平均, 24, 53
平均値, 80, 88

ベイズの公式, 13
ベルヌーイの試み, 31
偏差値, 95
変量, 91
ポアソン分布, 36
母集団, 99
母集団の大きさ, 99
母数, 126
母標準偏差, 110
母比率, 117
母分散, 110
母平均, 110

ま 行
右側検定, 150
無作為抽出法, 100
メジアン, 80, 88
モード, 88

や 行
有意水準, 148
有効推定量, 128
有効性, 128
尤度比, 164
尤度比検定法, 165

ら 行
離散型確率変数, 19
離散変量, 91
両側検定, 150
連続型確率変数の独立, 106
連続型確率変数, 46
連続変量, 91

著者略歴

古島　幹雄
1983年　九州大学大学院理学研究科数学専攻単位取得退学
現　在　放送大学熊本学習センター所長；熊本大学名誉教授

市橋　　勝
1989年　京都大学経済学研究科理論経済学／経済史学専攻修士課程修了
2006年　熊本大学自然科学研究科システム情報科学専攻博士課程修了
現　在　広島大学大学院国際協力研究科教授（博士（理学））

坂西　文俊
1986年　九州大学大学院理学研究科数学専攻単位取得退学
現　在　熊本大学非常勤講師

はじめての数理統計学

©2007　古島幹雄・市橋　勝・坂西文俊

2007年3月31日	初版発行
2021年8月31日	初版第10刷発行

著　者　古　島　幹　雄
　　　　市　橋　　　勝
　　　　坂　西　文　俊
発行者　大　塚　浩　昭
発行所　株式会社 近代科学社

〒101-0051　東京都千代田区神田神保町1丁目105番地
お問合せ先：reader@kindaikagaku.co.jp
https://www.kindaikagaku.co.jp

加藤文明社　　ISBN978-4-7649-1048-5
　　　　　　　定価はカバーに表示してあります。